蓝晶石矿
中性浮选理论及应用

张晋霞　牛福生　著

U0342150

北　京

冶 金 工 业 出 版 社

2016

内 容 提 要

本书首先介绍了试验样品与研究方法、蓝晶石矿物的晶体结构与表面性质，在蓝晶石、石英及黑云母矿物可浮性研究的基础上，根据矿物浮选过程动力学研究结果，研究了蓝晶石矿物的浮选机理，并进行了蓝晶石矿中性浮选小型试验及工业应用。

本书可供从事蓝晶石矿选矿的工程技术人员使用，也可供高等院校矿物加工工程专业师生和从事矿业开发利用的人员参考。

图书在版编目（CIP）数据

蓝晶石矿中性浮选理论及应用/张晋霞，牛福生著 . —北京：冶金工业出版社，2016. 2
ISBN 978-7-5024-6583-4

Ⅰ.①蓝…　Ⅱ.①张…　②牛…　Ⅲ.①蓝晶石—浮游选矿
Ⅳ.①TD923

中国版本图书馆 CIP 数据核字（2016）第 041454 号

出 版 人　谭学余
地　　址　北京市东城区嵩祝院北巷 39 号　邮编　100009　电话　(010)64027926
网　　址　www. cnmip. com. cn　电子信箱　yjcbs@ cnmip. com. cn
责任编辑　杨秋奎　美术编辑　杨 帆　版式设计　孙跃红
责任校对　李 娜　责任印制　牛晓波
ISBN 978-7-5024-6583-4
冶金工业出版社出版发行；各地新华书店经销；固安华明印业有限公司印刷
2016 年 2 月第 1 版，2016 年 2 月第 1 次印刷
169mm×239mm；10.5 印张；205 千字；158 页
36.00 元

冶金工业出版社　投稿电话　(010)64027932　投稿信箱　tougao@ cnmip. com. cn
冶金工业出版社营销中心　电话　(010)64044283　传真　(010)64027893
冶金书店　地址　北京市东四西大街 46 号（100010）　电话　(010)65289081（兼传真）
冶金工业出版社天猫旗舰店　yjgycbs. tmall. com
（本书如有印装质量问题，本社营销中心负责退换）

前　言

　　蓝晶石矿是一种天然的铝硅酸盐矿物原料，其煅烧之后具有良好的膨胀效应和热稳定性，因此广泛应用于冶金、建材、陶瓷、航空、电力、化工等领域。随着工业原料需求不断增加，高品质蓝晶石矿产资源已基本枯竭，目前大部分蓝晶石原矿中矿物含量只有10%～30%，同时伴生矿物复杂，一般都需要经过选矿富集后才可以作为工业原料使用。蓝晶石矿的选矿方法通常包括重选、磁选、电选、浮选等，其中浮选是获得高品位精矿的主要方法。随着国民经济的快速发展，工业部门对蓝晶石的需要不仅是数量上的增长，而且对品质也有了更高的标准，目前高纯蓝晶石的行业标准正在制定之中。因此，积极加强低品质蓝晶石矿的选矿加工利用研究，对于减少此类产品进口依赖和提高矿产资源高效利用具有重要意义。

　　蓝晶石矿的浮选提纯包括酸法和碱法工艺，生产实践表明，酸法工艺更有利于蓝晶石精矿稳定生产，已建成的具有一定规模的蓝晶石选矿厂几乎都是采用的酸法。随着环保要求标准日益严格，企业节能减排，降本增效以及满足清洁生产的需要，酸法浮选工艺造成的设备损耗、污染压力和职业健康等不利因素开始凸显。为推动蓝晶石浮选技术进步，丰富完善硅酸盐矿物浮选理论体系，解决蓝晶石矿选矿实践中存在的关键技术难题，著者在系统研究蓝晶石、石英及黑云母矿物中性浮选行为规律的基础上，结合试验研究和工业生产撰写了本书。

在成书过程中，得到了多位老师和同行的鼓励与支持，华北理工大学研究生张晓亮、康倩、邹玄、李卓林参与了大量的试验研究工作以及书稿的整理、排版工作，在此一并表示诚挚的谢意！

由于著者水平所限，书中不足之处，敬请广大读者批评指正。

著　者

2015 年 10 月

目　　录

1　绪论 …………………………………………………………………… 1

　1.1　蓝晶石资源概况 …………………………………………………… 1

　1.2　蓝晶石的工艺特性、用途及质量标准 ………………………… 4

　　1.2.1　蓝晶石工艺特性 …………………………………………… 4

　　1.2.2　蓝晶石用途 ………………………………………………… 5

　　1.2.3　蓝晶石质量标准 …………………………………………… 6

　1.3　蓝晶石矿开发利用现状 …………………………………………… 7

　1.4　蓝晶石矿分选加工技术研究现状及趋势 ……………………… 8

　　1.4.1　蓝晶石矿分选技术现状 …………………………………… 8

　　1.4.2　蓝晶石矿分选过程中存在的问题 ……………………… 10

　　1.4.3　蓝晶石选矿发展趋势 ……………………………………… 11

　1.5　蓝晶石矿物浮选理论研究进展 ………………………………… 12

　　1.5.1　捕收剂对矿物浮选作用机理研究进展 ………………… 12

　　1.5.2　金属阳离子对矿物浮选作用机理研究进展 …………… 13

　　1.5.3　调整剂对矿物浮选作用机理研究进展 ………………… 15

　1.6　研究内容及目的意义 …………………………………………… 17

　　1.6.1　研究目标 …………………………………………………… 17

　　1.6.2　研究内容 …………………………………………………… 17

　　1.6.3　技术路线 …………………………………………………… 18

　　1.6.4　课题研究的目的和意义 ………………………………… 18

2　试验样品与研究方法 ……………………………………………… 20

　2.1　矿样的采集与制备 ……………………………………………… 20

　　2.1.1　纯矿物试样 ………………………………………………… 20

　　2.1.2　实际矿石矿样 ……………………………………………… 22

　2.2　化学试剂与设备仪器 …………………………………………… 23

　　2.2.1　化学试剂 …………………………………………………… 23

　　2.2.2　设备仪器 …………………………………………………… 24

2.3　研究方法 …………………………………………………………… 25

　　2.3.1　单矿物试验 ……………………………………………… 25

　　2.3.2　实际矿石试验 …………………………………………… 26

　　2.3.3　分析与检测方法 ………………………………………… 26

3　蓝晶石矿物的晶体结构与表面性质 ……………………………… 28

3.1　矿物晶体结构中化学键的理论计算 ……………………………… 28

3.2　矿物的晶体结构 …………………………………………………… 30

3.3　矿物表面荷电机理 ………………………………………………… 34

　　3.3.1　蓝晶石 ……………………………………………………… 34

　　3.3.2　石英 ………………………………………………………… 35

　　3.3.3　黑云母 ……………………………………………………… 36

3.4　矿物在不同捕收剂作用下的可浮性 ……………………………… 37

3.5　矿物表面原子丰度 ………………………………………………… 40

3.6　矿物表面溶解 ……………………………………………………… 40

3.7　酸处理对矿物表面的影响 ………………………………………… 42

3.8　矿物颗粒粒度与可浮性 …………………………………………… 43

3.9　本章小结 …………………………………………………………… 44

4　蓝晶石、石英及黑云母矿物可浮性 …………………………………… 46

4.1　捕收剂对矿物的可浮性影响 ……………………………………… 46

　　4.1.1　十二胺对矿物可浮性影响 ……………………………… 46

　　4.1.2　十八胺对矿物可浮性影响 ……………………………… 49

　　4.1.3　十二胺与醇复合对矿物可浮性影响 …………………… 51

4.2　多价金属阳离子对矿物可浮性影响 ……………………………… 52

　　4.2.1　二价金属离子对矿物可浮性影响 ……………………… 53

　　4.2.2　三价金属离子对矿物可浮性影响 ……………………… 57

4.3　无机阴离子调整剂对矿物可浮性影响 …………………………… 60

　　4.3.1　氟化钠对矿物可浮性影响 ……………………………… 61

　　4.3.2　硅酸钠对矿物可浮性影响 ……………………………… 62

　　4.3.3　六偏磷酸钠对矿物可浮性影响 ………………………… 65

　　4.3.4　硫化钠对矿物可浮性影响 ……………………………… 68

4.4　有机调整剂对矿物可浮性影响 …………………………………… 70

　　4.4.1　淀粉对矿物可浮性的影响 ……………………………… 71

4.4.2　糊精对矿物可浮性的影响 ……………………………… 72

4.4.3　柠檬酸对矿物可浮性影响 ……………………………… 74

4.4.4　新型抑制剂 AP 对矿物可浮性影响 …………………… 76

4.5　本章小结 ……………………………………………………… 79

5　矿物浮选过程动力学 …………………………………………… 81

5.1　浮选动力学理论 ……………………………………………… 81

5.1.1　浮选动力学研究基础 …………………………………… 81

5.1.2　浮选动力学影响因素 …………………………………… 82

5.1.3　浮选动力学的应用 ……………………………………… 84

5.2　单矿物分批浮选试验 ………………………………………… 86

5.2.1　无 AP 条件下十二胺用量对矿物浮选的影响 ………… 86

5.2.2　加入 AP 条件下十二胺用量对矿物浮选的影响 ……… 87

5.2.3　抑制剂 AP 用量对矿物可浮性的影响 ………………… 88

5.3　矿物浮选速度常数及其分布 ………………………………… 89

5.3.1　浮选速度常数 …………………………………………… 89

5.3.2　速度常数分布 …………………………………………… 90

5.4　浮选动力学模型建立 ………………………………………… 94

5.5　数据拟合分析 ………………………………………………… 96

5.6　本章小结 ……………………………………………………… 97

6　蓝晶石矿物的浮选机理 ………………………………………… 99

6.1　金属阳离子的溶液化学分析及作用机理 …………………… 99

6.1.1　金属阳离子的溶液化学分析 …………………………… 99

6.1.2　金属阳离子对蓝晶石矿物表面电性的影响 ………… 103

6.1.3　金属阳离子对蓝晶石矿物作用前后 RNH_3^+ 浓度变化分析 …… 104

6.2　抑制剂 AP 对蓝晶石矿物的抑制机理研究 ……………… 110

6.2.1　抑制剂 AP 对蓝晶石矿物表面电性的影响 ………… 110

6.2.2　抑制剂 AP 在蓝晶石矿物表面吸附行为分析 ……… 112

6.2.3　抑制剂 AP 与蓝晶石作用前后的 FTIR 分析 ……… 114

6.3　本章小结 …………………………………………………… 117

7　蓝晶石矿中性浮选小型试验 ………………………………… 118

7.1　脱泥试验 …………………………………………………… 119

7.2　粗选条件试验 ……………………………………………… 122

7.2.1　矿浆浓度试验 ………………………………………… 122

7.2.2　抑制剂 AP 用量试验 ………………………………… 123

7.2.3　十二胺盐酸盐用量试验 ……………………………… 123

7.2.4　柴油用量试验 ………………………………………… 124

7.3　正交试验 ……………………………………………………… 125

7.3.1　试验方案设计 ………………………………………… 125

7.3.2　试验方案及结果 ……………………………………… 126

7.3.3　试验结果极差分析 …………………………………… 126

7.3.4　试验结果方差分析 …………………………………… 127

7.4　扫选试验 ……………………………………………………… 129

7.5　精选试验 ……………………………………………………… 130

7.6　试验总流程及技术指标 ……………………………………… 131

7.7　连选试验 ……………………………………………………… 131

7.8　产品检测与分析 ……………………………………………… 133

7.8.1　产品化学成分分析 …………………………………… 133

7.8.2　扫描电镜分析 ………………………………………… 133

7.8.3　产品粒级分析 ………………………………………… 134

7.8.4　密度测定 ……………………………………………… 135

7.8.5　产品沉降特性分析 …………………………………… 135

7.9　本章小结 ……………………………………………………… 138

8　蓝晶石矿中性浮选工业应用 …………………………………… 139

8.1　矿石性质分析 ………………………………………………… 139

8.1.1　原矿多元素分析 ……………………………………… 139

8.1.2　粒度分析 ……………………………………………… 139

8.1.3　原矿工艺矿物学分析 ………………………………… 140

8.1.4　矿石可磨度分析 ……………………………………… 142

8.2　工艺流程及配置 ……………………………………………… 143

8.3　工艺流程及主要设备 ………………………………………… 144

8.4　工业调试 ……………………………………………………… 145

8.4.1　开车前准备及清水试车 ……………………………… 145

8.4.2　浮选药剂 ……………………………………………… 145

8.4.3　带料运转调试 ………………………………………… 146

　　8.4.4　设备及流程改造 ……………………………………… 146

8.5　选矿工艺流程考查 …………………………………………… 146

　　8.5.1　取样及检测制度 ……………………………………… 146

　　8.5.2　生产工艺流程及考查结果 …………………………… 146

8.6　中性反浮选流程与酸法正浮选流程对比 …………………… 148

8.7　本章小结 ……………………………………………………… 149

9　结语 ……………………………………………………………… 150

参考文献 …………………………………………………………… 152

1 绪 论

蓝晶石、矽线石、红柱石是化学成分相同（$Al_2O_3 \cdot SiO_2$）、结构相异的三种同质多相无水富铅硅酸盐矿物，可统称为蓝晶石类矿物，其理论化学组成为：Al_2O_3 62.93%，SiO_2 37.07%。蓝晶石属三斜晶系，其晶体呈扁平的板条状，有时呈放射状几何体；显微镜下观察颜色为蓝色、带蓝的白色、青色且具有完全和中等的两组解理；硬度有明显的异向性，故又名二硬石；平行晶体伸长方向上莫氏硬度为4.5，垂直方向上为6；密度为$3.53 \sim 3.65\mathrm{g/cm^3}$；属于区域变质作用矿物，在结晶片岩和片麻岩中出现。

蓝晶石不仅是生产高品级氧化铝的主要矿物，同时也是一种优良的合成莫来石原料。蓝晶石经过高温煅烧莫来石化后具有耐火度高、高温载荷大、抗化学腐蚀、热膨胀性低、抗磨性和绝缘性强、耐急冷急热以及热态机械强度高等一系列优良特点，使其成为冶金、建材、耐火材料等工业部门的重要基础原料。

1.1 蓝晶石资源概况

据文献［8］报道，世界蓝晶石储量（不包括我国）共有1.08亿吨，主要分布在加拿大、美国、南非、奥地利、印度、前苏联、澳大利亚、利比里亚、肯尼亚和巴西等国，各国蓝晶石探明储量见表1-1。

表1-1 世界蓝晶石资源

国 家	已探明的蓝晶石资源/kt	占世界总量的百分比/%	国 家	已探明的蓝晶石资源/kt	占世界总量的百分比/%
加拿大	45000	42	肯尼亚	1230	1
美 国	>30000	28	巴 西	1000	1
南 非	12000	11	保加利亚	800	<1
奥地利	4000	4	芬 兰	300	<1
印 度	>3800	4	马拉维	300	<1
前苏联	3500	3	索马里	132	<1
澳大利亚	3000	3	纳米比亚	120	<1
利比里亚	2500	2	世界总计	>107796	100

据文献［8］报道，蓝晶石类矿物虽然在世界上普遍产出，但它们的消耗却集中在少数几个高度工业化的国家和地区。这些国家和地区既是制造耐火材料的地区，又是主要的钢铁产区，如北欧、英国、美国和日本。

加拿大探明的蓝晶石资源储量第一，但是本国并无大量开采，蓝晶石主要靠进口。

美国是世界上第二大三石矿物生产国，主要产品是蓝晶石。矿石为含蓝晶石的石英岩，蓝晶石含量为 15% ~ 40%。在弗吉尼亚州的蓝晶石采矿公司生产的产品中：精矿中含蓝晶石 91%，Al_2O_3 含量为 61.8%，$Fe_2O_3 < 0.6%$。粒度有 4 个品级：小于 0.295mm、小于 0.147mm、小于 0.074mm、小于 0.043mm，物料在旋转管中焙烧以后得到莫来石产品。此外，蓝晶石尚有在锆砂生产中以副产品形式回收锆—硅线石混合物；或生产红柱石—叶蜡石绢黑云母混合物。蓝晶石精矿产量约 9 万吨/年，主要市场为西欧、远东和南非。

澳大利亚从钛铁矿的尾矿中回收的蓝晶石，Al_2O_3 含量最高，为 60.00%。瑞士是欧洲唯一的蓝晶石生产国，原矿 Al_2O_3 含量为 24%，经选矿后精矿含 Al_2O_3 59.0%，Fe_2O_3 不大于 1.0%；粒度在 0.25mm 以下，年产量约为 1.5 万吨。

巴西也生产蓝晶石，某矿床由大块蓝晶石组成，原矿在现场磨矿后，产品 Al_2O_3 含量为 58.0%，Fe_2O_3 含量为 0.8%，碱性物含量为 0.3%，年产量为 1.5 万 ~ 2.0 万吨。

除了上述主要生产国外，尚有一些国家少量生产，如朝鲜、津巴布韦、马拉维等。

根据文献［8］的不完全统计（内蒙古、西藏、台湾、新疆大部分未统计），我国蓝晶石储量有 0.37 亿吨，矿石平均品位为 10% ~ 25%，主要分布在江苏沭阳，河南南阳、桐柏，河北邢台，内蒙古丰镇，新疆富蕴、契布拉盖，山西繁峙，安徽岳西、霍山，辽宁大荒沟，四川汶川、丹巴，云南热水塘，吉林磐石等地。

蓝晶石具有中级区域变质岩的特点，一般产于变质程度较高的地层中，产于变质高峰期，形成时的温度、压力都较高。

原地质矿产部对非金属矿矿床进行划分，以矿物储量为依据划分为特大型、大型、中型、小型矿床，见表 1-2。

表 1-2 矿物矿床规模的划分

矿床规模	矿物储量/万吨	矿床规模	矿物储量/万吨
特大型	>1000	中 型	200 ~ 50
大 型	1000 ~ 200	小 型	<50

根据以上划分，我国蓝晶石矿床规模见表 1-3。

表1-3 我国蓝晶石矿床规模

名称与产地	品位/%	矿床规模	现状（是否开采）
河南南阳市隐山	类型不同品位不一，高>50，低>15	大	已开采
河南南阳市桐柏	10~30，高>40，平均约15以上	中~大	待开采
江苏沭阳县韩山	15~20	中~大	待开采
河北邢台内丘县		小	已开采

我国目前蓝晶石精矿产品 Al_2O_3 含量多为55%~56%，Fe_2O_3 为1.0%~1.5%。少数生产厂 Al_2O_3 含量达到57%~59%，Fe_2O_3 不大于1%。

从表1-4中可以看出，一般矿床有用矿物含量均较少，大都在10%~25%，故皆需选矿后使用。

表1-4 蓝晶石矿床类型

类型	矿床类型	矿床特征	典型矿床
区域变质矿床	黑云石榴蓝晶石片麻岩型	产于太古界变质岩系中，含矿岩石以蓝晶石、石榴子石、黑云母斜长片麻岩为主。蓝晶石矿体呈层状、大扁豆状，单矿体延长数百米。蓝晶石含量10%~25%，可回收石榴子石和独居石	河北卫鲁、辽宁大荒沟、安徽霍邱
	蓝晶石绿泥片岩型	产于太古界，蓝晶石不均匀地分布在绿泥石片岩中。矿体呈透镜体状，蓝晶石含量为百分之几至百分之二十几	江苏韩山、河南隐山、吉林磐石、四川汶川等
动力变质矿床	蓝晶石型	矿体产于蓝晶石英岩中，位于动力变质岩中心，产状与动力变质带的糜棱纹理、片理一致，蓝晶石呈他形粒状或板粒状，粒径小于1cm，含量约15%~30%	吉林柳树沟

我国开展蓝晶石类矿物资源的普查找矿和开发利用的研究工作始于20世纪80年代，到目前为止，查明了很多具有开发价值的蓝晶石工业矿床，其矿石性质见表1-5。

表1-5 我国蓝晶石矿矿石性质

蓝晶石产地	原矿品位/%		矿石性质
	Al_2O_3	矿物	
河北邢台	21.65	13.13	石榴蓝晶黑云斜长片麻岩，主要组成矿物：蓝晶石、铁铝榴石、黑云母、石英、斜长石、钛矿矿及其他铁矿物；蓝晶石呈半自形晶板状和板柱状，晶体内常含有石英、黑云母、金红石、铁矿物等包体，有些被黑云母、滑石交代，并多以单晶出现，含 Fe_2O_3 达1.23%，粒度（以宽度计）一般为0.1~1.0mm
江苏沭阳	17.32	22.2	蓝晶石石英岩和蓝晶石白云母片岩，主要组成矿物：蓝晶石、石英、白云母、叶蜡石、黄玉、磷钙铝石、金红石、铁矿物等；蓝晶石呈自形半自形板状，晶体中常见金红包体，较大晶体中石英颗粒构成似筛网结构，有些颗粒受铁质污染严重，粒度（以宽度计）一般为0.2~1.5mm

蓝晶石产地	原矿品位/%		矿石性质
	Al_2O_3	矿物	
河南南阳	19.44	20.4	蓝晶岩石英岩和蓝晶岩白云石英岩，主要组成矿物：蓝晶石、石英、白云母、金红石、褐铁矿、黄玉、高岭石等，蓝晶石呈自形、半自形板柱状，晶体中普遍包裹有红金石和石英，有的包有白云母，蓝晶石粒度不均匀
河南桐柏	25.3	25~30	蓝晶石石英岩，主要组成矿物：蓝晶石、石英、白云母、高岭石、黄玉、红金石、钛赤铁矿、磁铁矿；蓝晶石呈半自形晶柱状和板状，晶体中含有金红石、石英包体，有的以残留体他形粒状与高岭石集合体嵌布，粒度（以宽度计）0.1~1.5mm
山西繁峙	30.8	19.6	蓝晶斜长黑云绿泥石片岩，主要组成矿物：蓝晶石、斜长石、石英、黑云母、叶绿泥石、滑石、方解石、电气石、石榴子石、金红石、铁矿物；蓝晶石呈半自形柱状，无包体、无蚀变，粒度长5~8mm，宽1.0~3.2mm
四川汶川	17.14	7.13	蓝晶石云母石英片岩，主要组成矿物：蓝晶石、石英、白云母、石墨、黑云母、硅线石、金红石、铁矿物；蓝晶石多为柱状单晶，晶体中较多石英、石墨、黑云母等包体，被石墨污染严重，粒度0.046~0.805mm
云南云阳	24~25.5	10~20	石榴蓝晶二云片岩，主要组成矿物：蓝晶石、黑云母、白云母、石英、长石、石榴子石、十字石、金红石、独居石、铁矿物等；蓝晶石呈半自形或他形板柱状，晶体中常含有石英、云母包体，粒度一般0.5~1.0mm

1.2 蓝晶石的工艺特性、用途及质量标准

1.2.1 蓝晶石工艺特性

蓝晶石之所以能广泛应用于国民生产各行各业，主要得益于以下优异的工艺特性：

（1）热膨胀性。蓝晶石在加热过程中转化为莫来石和 SiO_2 混合物，在这个转化过程中伴随着体积膨胀，形成良好的莫来石针状网络，蓝晶石加热至1000℃无变化，在1300℃以上逐渐转变为莫来石和白硅石。蓝晶石在转化为莫来石的过程中，将产生一定的体积膨胀。体积膨胀分平缓期、剧化期、下降期。

平缓期：当温度在1100~1300℃时，试样体积膨胀不大，蓝晶石分解缓慢，莫来石化不完全，晶体微小。

剧化期：当温度达到1300~1450℃时，蓝晶石快速分解，莫来石化渐趋完全，体积膨胀很大，约在1450℃时达到最大。

下降期：当温度超过1450℃时，蓝晶石已完全分解，莫来石化完成，晶体开

始发育，物料基本不再膨胀，甚至产生收缩。

蓝晶石的膨胀性是评价其质量的重要依据，蓝晶石颗粒越大体积膨胀也越大，反之则小；蓝晶石的膨胀性不仅与颗粒有关，同时也与纯度有关，纯度越高，膨胀也就越大，并随 Al_2O_3 含量增高，其线膨胀也增大。

（2）稳定性。据资料报道，用蓝晶石矿物生产耐火材料的稳定性比黏土质耐火材料高1.5倍，蓝晶石耐火砖比黏土砖的损耗低43%，此外蓝晶石还具有良好的体积稳定性，对酸碱甚至氢氟酸具有惰性。

（3）耐火度。一般黏土质耐火材料的耐火度为1670~1770℃，而含蓝晶石的耐火材料的耐火度通常大于1790℃，最高达1850℃。

（4）不可逆性。蓝晶石矿物煅烧成莫来石是一个不可逆的转化，在1810℃以下是稳定的。因此莫来石耐火材料具有高温下体积稳定、膨胀率低、抗化学腐蚀性强、机械强度高和抗热冲击能力强的特点。

1.2.2　蓝晶石用途

蓝晶石类矿物主要用于生产耐火材料，从20世纪20年代起就作为耐火材料大量用于有色冶金和玻璃工业上，少量用于黑色冶金、陶瓷窑中。蓝晶石类矿物材质优良，用其生产莫来石砖具有成本低、性能好、耐火度高（1825℃以上）、热膨胀低、节能、抗化学腐蚀性强、抗渣性强、荷重软化点高、机械强度高、蓝晶石矿物的热冲击强和使用寿命长等显著特点，已大量用于钢铁工业。

自20世纪60年代以来，钢铁工业中消耗量以每年约10%的速度增长，而且近些年来几乎消费了总产量的一半，主要以耐火砖和型材形式，用于热风炉、热风塔、再热炉、均热炉、加热炉的关键部位和各种辅助性浇注和操作设备。我国对蓝晶石的应用较晚，1976年才开始试生产用于冶金工业的耐火可塑料，使用结果表明，用其包扎冷管可使加热炉降低20%左右的能耗，用其筑炉裙、炉顶，可使炉子作业率提高5%左右。

此外，在其他工业部门主要用来砌筑窑炉设施，吹制高温铝硅酸盐绝缘体，用于制动衬里、瓷砖、玻璃配料、化学和电器瓷料，制作火花塞绝缘体等。

近年来，各国还十分注意研究和开发蓝晶石类矿物的新用途。如前独联体国家和美国利用超纯蓝晶石生产高强度轻质硅铝合金，比用合成法和电热法生产氧化铝成本低、经济效益高，可满足制造汽车、飞机、船舰、宇宙飞船和雷达等轻质、高强、耐高温部件的特殊要求。用蓝晶石类矿物生产的金属纤维增强陶瓷部件，可制作超音速飞机和宇宙飞船的导向翼。有些缺铝的国家还用蓝晶石作为提取金属铝的原料。近年来，用蓝晶石生产防止铸件粘砂的新型有效面料，不仅成本低，而且有效地代替了贵重的石墨。

表1-6中列举了蓝晶石矿物的主要用途及其优点。

表1-6 蓝晶石矿物的主要用途及其优点

用 途	特 点	应用部门
耐火材料	（1）高温下体积稳定，不收缩； （2）比其他高铝耐火材料生产成本低； （3）节约能源，热容比黏土砖高12%，用于平炉，可缩短冶炼时间，能耗低； （4）加入不定形耐火材料中作高温膨胀剂，使产品在高温下不收缩和剥落	冶金、建材、机械、化工、轻工等部门
硅铝合金和金属纤维	（1）比用合成法（用熔炼金属硅和电解铝）或用电热还原高岭土等方法成本低，经济效益高； （2）可满足制造汽车、宇宙飞船和雷达部件的特殊技术要求	冶金、机械、宇航等工业部门
氧化铝（烧结法）	比用霞石或高岭土为原料时物料处理量少1/3～1/2	冶金
防铸件粘砂新型面料（涂料、膏剂和各种混合剂）	防粘砂性能比石英粉佳，接近锆石粉，而且价格低廉	冶金、机械等工业部门
莫来石	产品耐火度高，热膨胀低，抗化学腐蚀性强。机械强度高，抗热冲击能力强，使用寿命长	冶金、机械、化工等部门
高铝蓝晶石水泥	耐火度高达1650℃	军工建筑、冶金等部门
高级陶瓷原料	制品耐高温、耐酸碱	轻工、化工等部门

1.2.3 蓝晶石质量标准

蓝晶石矿市场的发展与耐火材料的进步和发展以及国民经济中各部门的发展息息相关，尤其是钢铁工业生产中所耗用的耐火材料占其总产量的70%左右。但应指出的是，随着各工业部门的发展，对耐火材料的需求不再是数量的增长，主要是对材质的要求越来越高，即要求原料或制品品种增加，质量改善。

蓝晶石选矿产品化学成分直接影响着蓝晶石在耐火材料及其他领域的应用，包括对产品耐火度、膨胀率和各制品的性能的影响。为保证耐火制品具有高温条件下的良好性能，对蓝晶石选矿产品化学成分，尤其是铝、硅、铁、钛、碱金属等的含量均有比较严格的要求。

1.2.3.1 国外蓝晶石矿物原料的工业要求

世界各国对蓝晶石族矿物的质量要求根据其用途与工艺技术水平的不同而不同。以澳大利亚对蓝晶石矿物原料的工业要求为例，质量标准见表1-7。

表 1-7 国外蓝晶石矿物原料的工业要求 （%）

名　称	SiO$_2$	Al$_2$O$_3$	Fe$_2$O$_3$	TiO$_2$	K$_2$O + Na$_2$O
澳大利亚耐火材料		>55	<1.3		
澳大利亚硅铝合金	<37	>58	<1.5	0.5~0.7	<0.5
澳大利亚陶瓷		>55	<0.5~0.75		

工业应用的基本要求是：铝要高，一般 Al$_2$O$_3$≥55%，铁杂质、石英和云母等应尽可能降低，一般 Fe$_2$O$_3$ 和 TiO$_2$ 均在 1.5% 以下。

由此可见，除少数富矿经手选可直接供应市场以外，大多数蓝晶石族矿石都要经过选矿，产品质量才能满足要求。

1.2.3.2 我国不同行业对蓝晶石矿物原料的工业要求

我国不同行业对蓝晶石矿物原料的质量要求见表 1-8。

表 1-8 我国不同行业对蓝晶石矿物原料的质量要求

用　途	成分/%					耐火度/℃
	Al$_2$O$_3$	SiO$_2$	Fe$_2$O$_3$	TiO$_2$	K$_2$O + Na$_2$O	
高级耐火材料	>50	—	<1~2	—	<1~1.5	≥1790
技术陶瓷原料	>55	—	<0.5~0.15	—	<0.5	—
硅铝合金原料	>58	<37	<1.5	—	—	—
耐火材料（宝钢）	≥60	—	≤1.5	<2.0	—	≥1825

1.3 蓝晶石矿开发利用现状

蓝晶石的开发利用，国外起步较早。在第一次世界大战前，蓝晶石还未被使用，仅仅是博物馆的珍品。在第二次世界大战期间，已在航空发动机和火花塞上使用，还作为新型陶瓷原料。到了 20 世纪中期，由于发现蓝晶石矿物的特殊性质，欧美一些国家已将其作为特种耐火材料使用。

我国对蓝晶石类矿物的需求是从 1978 年建设宝山钢铁厂时开始的。伴随着蓝晶石工业利用范围的不断扩大，蓝晶石精矿需求量同步上升，其增长率每年为 5%~7%，钢铁工业方面增长率每年约为 10%。蓝晶石目前的开发利用存在产品与市场需求相矛盾的局面，低质量蓝晶石产品已趋饱和，高质量的蓝晶石产品供不应求，市场缺口较大。应当加强选矿技术研究，开发出经济上合理的高质量蓝晶石产品生产技术，以缓解目前供求矛盾。

目前，我国对蓝晶石类矿物应用局面尚未打开，而且产品多从国外进口。随着国内需求日益增加，蓝晶石类矿产资源开发利用势在必行。近些年来，科技工作者对大部分蓝晶石矿床进行了可选性试验研究，并已在河北邢台、江苏东海等建成了蓝晶石选矿厂。但由于起步晚，加工利用水平也比较低，目前存在的主要问题是生产成本高，企业经济效益低，蓝晶石精矿存在杂质高、品质低等问题，在国内及国际市场缺少竞争力。随着国民经济快速发展，工业部门对蓝晶石的需要不再仅是数量上的增长，而是对品质有了更高的标准，但是我国蓝晶石精矿中 Al_2O_3 品位一般为 50% ~ 55%，高纯蓝晶石（Al_2O_3 > 60%）生产基本处于空白，高品质蓝晶石需用主要依靠美国、南非等国家进口，因此加强国内蓝晶石矿提纯制备，满足国内工业高标准需求，减少此类产品进口依赖和提高矿产资源高效利用具有重要的意义。

1.4　蓝晶石矿分选加工技术研究现状及趋势

1.4.1　蓝晶石矿分选技术现状

1.4.1.1　国外蓝晶石矿分选技术现状

对于粗粒和混合嵌布型蓝晶石矿物，多采用重选法处理。重选设备有风力摇床、水力摇床、旋流器以及重介质旋流器等。

美国赛洛选矿厂的重选流程是：原矿经破碎筛分后进风力摇床，分选的粗精矿经磁选即得蓝晶石精矿，蓝晶石含量 85%，回收率 80%。

美国佐治亚州格雷夫选厂用三段旋流器进行选别，目的是对 - 0.589mm（-28 目）浮硫后的半成品用重介质旋流器选别，获得了高品位蓝晶石精矿，回收率 95% ~ 96%。

在嘉普什-曼尤克矿床的下部，由于蓝晶石被黄铁矿和磁黄铁矿等铁质污染，导致精矿品位很难提高。前苏联选矿研究设计院根据该矿石为粗粒浸染的特点，采用了重悬浮液和重介质旋流器的重选流程，得到含 Al_2O_3 54.30%、回收率 59.50% 的蓝晶石精矿。但由于精矿中 Fe_2O_3 和 TiO_2 含量仍较高，需进一步将粗精矿采用两段磁选除去铁钛杂质，最终精矿成分可满足耐火材料和电热法制硅铝合金的要求。

美国弗吉尼亚贝克山蓝晶石选矿厂精矿脱水干燥后磁选，可使精矿含铁量从 12% ~ 18% 降至 5% ~ 6%，进一步采用强磁选可使蓝晶石精矿含铁量降至 0.5% 以下。

美国蓝晶石矿业公司弗吉尼亚州东岭选矿厂的工艺流程是：浮选精矿先经湿式强磁选除铁，再经干式强磁选得到最终精矿。干式强磁选前，蓝晶石经过沸腾炉干燥和回转窑煅烧，干燥和煅烧具有除去矿物表面药剂覆盖层的作用，这一覆盖层在磁选时会引起颗粒间互相黏结而影响除铁效果。

美国南卡罗纳矿床的蓝晶石矿，矿物组成包括蓝晶石、石英、黑云母、黄铁矿、褐铁矿和金红石。采用的浮选工艺流程是：原矿破碎磨矿至 0.2 ~ 0.15mm，脱泥—黄铁矿浮选—三次脱泥—蓝晶石浮选（一次粗选，四次精选）—强磁选除铁及钛。浮选是在酸性介质中进行的（H_2SO_4 2kg/t，pH 值 3.5 ~ 6）。捕收剂为石油磺酸盐（1.1kg/t），最终可以获得蓝晶石精矿含 Al_2O_3 55.9% ~ 56.9%、Fe_2O_3 0.6% ~0.9% 的良好指标。

阿列谢耶夫提出，在 pH = 4.0 ~ 4.5 时，用 400g/t 高分子烷基磺酸盐作捕收剂浮选蓝晶石；同时用烃类乳浊液作浮选捕收剂，在 pH = 6.0 ~ 7.0 浮选蓝晶石。

美国巴克尔-劳纳捷英选厂，原矿含蓝晶石 15%，磨矿采用棒磨磨至 0.6mm，以油酸为捕收剂、水玻璃为抑制剂在碱性条件下浮选蓝晶石，浮选粗精矿的回收率为 87%。粗精矿中褐铁矿含量较高，采用焙烧—磁选除去褐铁矿，通过焙烧—磁选最终精矿蓝晶石含量达到 94%，对原矿回收率为 74%，杂质 Fe_2O_3 含量为 0.75%。

美国采洛-迈纳斯选矿厂采用浮选流程，矿石磨细至 −0.074mm 占 60% 以上，以油酸为捕收剂、卡冈（Calgon）为抑制剂浮选蓝晶石，以十二胺盐酸盐为捕收剂反浮选黑云母，以黑药为捕收剂反浮硫化物，最后获得的精矿蓝晶石品位为 97%，回收率为 90%。

1.4.1.2 国内蓝晶石矿分选技术现状

苏永江对含铁蓝晶石进行了研究，原矿中有害杂质铁主要是钛铁矿、磁钛铁矿，需用强磁场磁选机才能去除，试验采用 XCSQ-50 × 70 湿式强磁选机，分选箱聚磁介质为齿板，齿板间隙为 2mm，在磁场强度为 12000Oe 的条件下，除铁率达 80%，非磁性产品中含铁 0.8%。

河南南阳隐山蓝晶石矿中铁、钛在 2% 左右，浮选精矿经过磁选后，铁含量可以降低到 1% 以下。河南桐柏蓝晶石矿中铁钛主要赋存于磁（赤）铁矿、金红石中，部分矿物与蓝晶石相互包裹，选矿试验采用强磁选除铁后再用浮选可以得到合格的蓝晶石精矿。

吴艳妮对内蒙古某蓝晶石矿采用脱泥—碱性介质浮选—磁选和脱泥—磁选—酸性介质浮选两种工艺流程进行可选性试验研究。结果表明，酸性介质浮选的分选效果和可选性较好，经过一次粗选三次精选的浮选工艺最终可以获得产率为 15.80%，Al_2O_3 品位为 57.94%，回收率为 65.23% 的较好分选指标。

我国韩山蓝晶石矿最早采用酸法浮选，采用浮—磁—重联合流程，由于设备腐蚀、环保等条件的限制，后又研究制定了单一碱法浮选工艺，并以此为依据建成了我国第一座蓝晶石选矿厂。其流程特点是：先在中性介质中加松油浮出易浮的黑云母、叶蜡石等矿物；再采用酸性水玻璃抑制蓝晶石，以氧化石蜡皂为捕收剂浮选叶蜡石、磷钙铝石、白黑云母和泥质矿物；以羟肟酸为捕收剂浮选铁钛矿物；然后加 Na_2CO_3 调整 pH 值至 9.5，用水玻璃抑制脉石矿物，以癸脂为捕收剂浮选（一次粗选，二至三次精选）出蓝晶石精矿。最终精矿含 Al_2O_3 55% ~ 56%，回收率为 83.05%。

张晋霞等对河北邢台卫鲁地区蓝晶石进行了研究，在 pH = 3.5 酸性环境下，以淀粉作为抑制剂，LJ-2 为捕收剂，通过一次粗选、四次精选的浮选工艺，可获得 Al_2O_3 品位为 60.06% 、回收率为 37.71% 的高纯蓝晶石精矿。

张大勇等对河北某地蓝晶石矿进行了除杂试验研究。在磨矿细度 - 0.074mm 占 65% ，脉动冲程 25mm，矿浆质量浓度为 30% ，脉动冲次 320 次/min，磁感应强度 16kOe 的情况下，在给矿品位为 TFe 为 7.68% 、Al_2O_3 为 20.87% 的条件下，得到 TFe 品位为 13.41% 、回收率为 88.96% 的强磁精矿，以及 Al_2O_3 为 22.38% 、回收率为 42.66% 的强磁尾矿。

路洋等针对沭阳低品位蓝晶石矿石进行选矿试验，在条件试验的基础上，最终确定采用磨矿—脱泥—先高梯度强磁选后酸性浮选流程，获得了 Al_2O_3 为 55.46% ，回收率为 81.24% 的蓝晶石精矿。

杨大兵、张一敏等对云阳钢铁集团隐山蓝晶石矿进行了研究，在 pH = 3.5 的条件下，采用 SFS 作为抑制剂，石油磺酸钠作为捕收剂，经过一次粗选、三次精选的浮选工艺后，可获得产率为 25.80% ，Al_2O_3 品位为 61.45% ，回收率为 51.00% 的蓝晶石精矿。

张一敏等以螺旋溜槽取代反浮选脱泥、脱碳工艺，采用重选—磁选—浮选的流程结构分选蓝晶石，具有过程稳定、药剂消耗低、分选效果好等优点。可使最终精矿回收率提高 4% ~ 6% ，铁含量下降 25% ~ 30% ，捕收剂用量减少 10% 。同时还研究了在酸性条件下，用石油磺酸钠作捕收剂，以 HDF 和 Na_2SiO_3 作组合抑制剂，组合比例 HDF：Na_2SiO_3 = 1：2，组合用量在 0.3mg/g 范围内，可明显改善蓝晶石与石英、黑云母的分选效果。

任子杰等对江苏某低品位难选蓝晶石矿采用脱泥—磁选—碱性介质浮选工艺流程进行了分选试验研究，探索了磨矿、脱泥、磁选及浮选的适宜工艺条件，以此为基础拟定的磨矿—脱泥—强磁选——一段粗选四次精选浮选闭路流程处理该矿石，最终获得了 Al_2O_3 品位为 55.13% 的蓝晶石精矿。

金俊勋对南阳某低品位难选蓝晶石矿采用脱泥—浮选—重选工艺进行选矿试验研究。研究表明，70% 以上的矿泥成分为云母、高岭石、叶蜡石等，这些矿泥质量小，比表面积大，消耗的选矿药剂多，并且对蓝晶石矿物颗粒罩盖，阻碍捕收剂对蓝晶石的吸附，因此在选别前首先要脱泥除杂。在研究中采用蓝晶石含量为 22.00% 的原矿，通过脱泥—浮选—重选工艺流程，最终获得 Al_2O_3 含量超过 55.00% 的蓝晶石精矿。

1.4.2 蓝晶石矿分选过程中存在的问题

长期以来我国蓝晶石矿产资源由于缺乏有效管理和对资源破坏性的开发利用，使蓝晶石富矿锐减，如何合理高效开发和利用中低品位蓝晶石矿资源已迫在眉睫。

蓝晶石矿作为一种极富开发潜力的矿种目前尚无有效的加工技术，主要存在的问题是蓝晶石回收率低，选矿成本高，选出产品精矿品位低，杂质含量高，大多难以达到预期目标，造成此问题的主要原因如下：

（1）我国蓝晶石矿物含量较低，多为10%～25%，且伴生矿物组成复杂，这些矿物中云母、高岭石、金红石等矿物的可浮性比蓝晶石要好，在蓝晶石浮选过程中容易随泡沫进入精矿中，严重影响精矿品位，杂质含量高。

（2）蓝晶石矿物组成复杂，除蓝晶石外，其他矿物如黄玉、磷钙铝石、叶蜡石、高岭石、云母等都含铝，除黄玉外其他的含铝矿物作为脉石矿物需要除去，因此，原矿中作为脉石的含铝硅酸盐矿物越多，精矿的 Al_2O_3 回收率就越低。

（3）蓝晶石矿物与其他矿物共生紧密，普遍存在包裹体，蓝晶石中常包含有石英、石墨、云母、石榴子石、金红石等，蓝晶石矿常被云母化和高岭石化，在强烈时可导致蓝晶石柱体大部分被绢云母的细小鳞片集合体取代，而蓝晶石本身在集合体中成残晶存在，给蓝晶石的选别带来困难。

（4）根据文献报道以及实际调查，目前蓝晶石的浮选大部分都是强酸性或碱性环境下生产，造成选矿成本偏高，成为蓝晶石生产企业可持续发展的最大障碍。

1.4.3　蓝晶石选矿发展趋势

为解决蓝晶石选矿中存在的诸多问题，我国蓝晶石选矿加工的发展趋势主要呈现如下几个方面：

（1）在保证蓝晶石精矿高纯的前提下，开发出一种蓝晶石在中性或弱碱性矿浆中的浮选工艺流程。

（2）根据蓝晶石矿的特点，应进行深入而系统的浮选基础理论与工艺研究，主要包括影响蓝晶石浮选的主要因素，各种不同药剂与蓝晶石的作用机理，金属离子对蓝晶石浮选影响，选矿工艺流程试验等方面。

（3）提高资源利用率。根据各矿石伴生矿物特点，制订合理的选矿工艺流程，综合回收利用钛、铁、黑云母、石榴子石、石英等伴生矿物，提高经济效益。

（4）研究和开发蓝晶石矿物的新用途。如美国利用高纯蓝晶石生产高强度轻质硅铝合金，比用合成法和电热法生产氧化铝成本低，经济效益高，可满足制造汽车、飞机、船舰、宇宙飞船和雷达等轻质、高强、耐高温部件的特殊要求。用蓝晶石类矿物生产的金属纤维增强陶瓷部件，可制作超音速飞机和宇宙飞船的导向翼。市场对高纯蓝晶石类矿物的巨大需求必将导致我国蓝晶石类矿物生产规模和选矿技术水平的迅速提高。

1.5　蓝晶石矿物浮选理论研究进展

1.5.1　捕收剂对矿物浮选作用机理研究进展

阴离子捕收剂主要有皂及其精制产品、塔尔油、环烷酸皂，十二烷基磺酸钠、苯磺酸钠、十二烷基硫酸钠等。阳离子捕收剂主要是胺类捕收剂。

张维庆通过研究发现，油酸钠在蓝晶石表面的吸附既有物理吸附又有化学吸附。假设蓝晶石的 PZC 为 6.7，在 pH 值低于此值时，可认为油酸钠在蓝晶石表面吸附是物理吸附，静电吸引起主导作用。而当 pH 高于 6.7 时，蓝晶石表面荷负电，化学吸附是主要的；当 pH 值超过 9 时，反向的静电相互作用超过化学相互作用，荷负电的油酸根离子从蓝晶石表面被排除掉，浮选停止。同时，在 pH 值小于 3 时，尽管颗粒荷有较高的正表面电位，但是荷负电的油酸根离子并不吸附在矿物颗粒上。

Manser 通过研究表明，在油酸钠浮选体系中岛状结构矿物蓝晶石在 pH = 3.0 ~ 8.5 时可得到较好的可浮性，且其可浮性对 pH 值变化不敏感。

董宏军等人研究了蓝晶石在十二烷基磺酸钠浮选体系中的可浮性，在强酸性条件下，矿物在十二烷基磺酸钠浮选体系中有较好的可浮性。

阿列克谢耶 B. C. 认为，分子量较小的短烃基磺酸盐在蓝晶石上的吸附是物理吸附，而分子量较大时既有物理吸附又有化学吸附，但物理吸附对浮选的贡献较大。

针对蓝晶石和石英的浮选分离，韦书立等人研究了蓝晶石与石英在十二烷基磺酸钠浮选体系中的浮选行为，指出蓝晶石在 pH = 3 ~ 4 范围内具有较好的可浮性，并分析出蓝晶石在强酸条件下可浮性较好的原因是，该介质条件下蓝晶石表面负电荷较少而活性中心 Al^{3+} 数目较多，使捕收剂在矿物表面大量吸附所致，这一结果与该矿物晶体化学特点及表面电性研究结果相对应。

Choi 和 Oh 在十二烷基硫酸钠浮选体系中研究了蓝晶石的可浮性，指出蓝晶石在 pH 值小于其零电点时可被十二烷基硫酸钠很好地浮选；pH 值大于零电点，蓝晶石的可浮性急剧下降，可见十二烷基硫酸钠主要是通过物理吸附形式与矿物表面发生作用。

史文涛等人对蓝晶石矿物与捕收剂作用前后的 Zeta 电位测试试验结果表明，在与捕收剂石油磺酸钠作用后蓝晶石 Zeta 电位强烈地向负值偏移，零电点小于 2.0。石英在捕收剂作用后 Zeta 电位仅微微向负值偏移。从蓝晶石与捕收剂作用前后红外图谱分析可知，捕收剂与蓝晶石吸附作用不仅有物理吸附还有化学吸附。

Cases 用十二烷基磺酸钠对一系列很典型的硅酸盐矿物的浮选行为进行了研究。研究表明，蓝晶石在该浮选体系中具有较好的可浮性，这与矿物的晶体结构是岛状有关。该矿物破碎时，表面均暴露部分金属阳离子，它们是吸附或键合阴离子捕收剂的活性中心。

G. 布鲁特对比特利斯蓝晶石进行了浮选研究，测定了纯蓝晶石表面电荷，结果发现，蓝晶石的等电点为 pH = 5.9。在 pH 值高于等电点时，矿物表面荷负电，荷正电的胺离子（RNH_3^+）吸附在荷负电的矿物表面上，因此可用胺类捕收剂浮选蓝晶石；相反地，在酸性 pH 值范围，蓝晶石表面荷正电，用烷基硫酸盐捕收剂（十二烷基硫酸钠）浮选蓝晶石比较有效。在中性和弱碱性 pH 值范围用油酸盐可以浮选蓝晶石。用烷基磺酸盐捕收剂（AERO 系列捕收剂）可以获得含 Al_2O_3 58% ~60%、回收率为 80% ~85% 的可销售的蓝晶石精矿。

董宏军等研究了蓝晶石矿物在十二胺盐酸盐浮选体系中的浮选行为，研究指出超声波清洗和酸洗后蓝晶石也具有较好的可浮性，在强碱性条件下酸洗后蓝晶石的可浮性略好于超声波清洗后的蓝晶石。酸性条件下在该浮选体系中蓝晶石和使用浮选时具有一定的选择性。

Cases 用十二胺盐酸盐对典型的硅酸盐矿物的浮选行为进行了研究，指出蓝晶石在十二胺盐酸盐浮选体系中具有较好的可浮性，且蓝晶石的浮选行为明显受表面静电相互作用的制约。

1.5.2　金属阳离子对矿物浮选作用机理研究进展

由于矿物在水中的溶解及水质影响，在蓝晶石矿物反浮选的矿浆体系中，金属阳离子对矿物的浮选分离存在不同的影响。一些金属离子可以与矿物竞争吸附浮选捕收药剂或与药剂发生反应，从而抑制矿物的浮选。而有些金属离子可以通过物理或者化学吸附在矿物表面，形成了矿物表面与捕收剂作用的活性中心，从而活化矿物的浮选。金属离子在不同 pH 值条件下优势组分不同，有些金属离子可以生成氢氧化物沉淀覆盖在目的矿物表面，降低药剂在矿物表面的吸附量，从而抑制矿物的浮选。总之，金属离子在不同的浮选体系下对矿物的浮选作用不同，且作用的机理也比较复杂。

董宏军等研究了油酸钠浮选体系中 Ca^{2+}、Mg^{2+}、Fe^{3+} 对蓝晶石和石英浮选影响，研究表明 Ca^{2+}、Mg^{2+} 对蓝晶石浮选回收率的影响有相似规律，Fe^{3+} 对石英有很强的活化作用，蓝晶石浮选最佳 pH 值在 7.0 左右。用吸附沉淀百分数的概念研究了在油酸钠体系中 Ca^{2+}、Mg^{2+}、Al^{3+}、Fe^{3+} 四种金属离子浓度均为 1×10^{-4} mol/L 时对蓝晶石浮选行为的影响。通过研究表明，四种金属离子的吸附沉淀百分数顺序为：$PAP_{Al} > PAP_{Fe} > PAP_{Ca} > PAP_{Mg}$，这一顺序与金属离子对蓝晶石的活化顺序一致。在此 pH 值条件下，Ca^{2+} 和 Mg^{2+} 以离子状态存在于溶液中，它们的量（100 − PAP）越大，对浮选的抑制作用也就越强。

王淀佐等研究了 10 种金属离子对胺浮选石英的影响。研究表明，当 pH >

PZC$_e$（氢氧化物固相的零电点），石英表面带负电，浮选不受抑制；当 pH$_s$（由 K_{sp} 求得的生成表面氢氧化物沉淀时的 pH 值）< pH < PZC$_e$，石英表面带正电，由于静电斥力，用胺浮选石英受到抑制，浮选回收率降低。

孙中溪等应用有关不定形硅表面络合的理论定量解释了 Ca^{2+}、Mg^{2+}、Fe^{3+} 等常见金属离子对石英的活化行为及机理。认为石英在浮选体系中，表面有一个与不定形硅相似的紊乱层，可以发生表面络合反应。当存在 Ca^{2+}、Mg^{2+} 时，在最佳浮选条件下，被钙、镁离子活化的石英表面几乎是电中性的；浮选过程中，活化剂和捕收剂的结合导致矿物的浮游，像金属离子那样的活化剂和油酸盐类捕收剂之间的相互接触是石英活化的先决条件。

M. C. Fuerstenau 曾研究用烷基磺酸盐及烷基硫酸盐作为捕收剂浮选石英和绿柱石，对金属离子的活化作用，提出了羟基络合物假说，即金属氢氧络合物的氢氧离子和矿物已吸附的氢氧离子化合成水，使金属阳离子吸附于矿物表面上。

Fornasiero 等通过研究认为，Cu^{2+} 与 Ni^{2+} 可以在弱碱性溶液中形成羟基络合物吸附于矿物表面，促进黄药吸附，实现绿泥石、蛇纹石与石英的浮选。

James 等根据金属阳离子的吸附量测定和理论分析认为，金属氢氧化物表面沉淀是金属离子在矿物表面吸附并引起活化作用的有效组分，即氢氧化物表面沉淀假说。通过计算进一步证明界面区域金属离子的浓度远大于溶液中金属离子的浓度。因此，金属氢氧化物在矿物表面将比在溶液中优先发生氢氧化物沉淀，以石英被 Fe^{3+} 活化为例，通过氢氧化物表面沉淀物的形式在矿物表面的吸附，是表面的两个氧与金属离子键合，这种吸附更牢固。

印万忠系统地研究了金属阳离子对硅酸盐矿物浮选的影响，在此基础上提出了金属阳离子的活化机理为：

（1）对于高电价、小半径的金属阳离子，如 Fe^{3+}、Al^{3+} 等，金属阳离子主要以氢氧化物沉淀形式在矿物表面吸附，然后进一步以化学吸附形式吸附捕收剂，Me^{3+} 也可以以同样的方式在晶格阳离子表面吸附；

（2）对于低电价、大半径的金属阳离子，如 Pb^{2+}、Mg^{2+}、Ca^{2+} 等，金属阳离子主要以羟基络合物形式在矿物表面吸附；

（3）对于具有中等电价和半径介于上述两类离子之间的金属阳离子，如 Cu^{2+} 等，强氧化物沉淀及羟基络合物在矿物表面的吸附形式都存在，哪种吸附形式占优势与介质的 pH 值条件有关系。

李筱晶等研究了 Fe^{3+}、Al^{3+}、Mg^{2+}、Ca^{2+} 对红柱石和石英浮选分离的影响，研究表明 Mg^{2+}、Ca^{2+} 对石英的影响不大；Fe^{3+} 对石英有明显的活化作用，随 Fe^{3+} 浓度的增大，红柱石与石英的分离变得更加困难；Al^{3+} 对石英也具有明显的活化作用，当浓度增大到一定量后对红柱石有明显的抑制作用。

孙传尧等通过多种金属阳离子对石英的活化作用试验，得出金属阳离子羟基络合物生成量最大及石英最佳活化的 pH 值范围，同时也说明 Fe^{3+}、Al^{3+} 活化时硅酸盐矿物表面吸附及起活化作用的有效组分主要是氢氧化物沉淀，Cu^{2+} 活化时在矿物表面起活化作用的有效组分中羟基络合物和氢氧化物沉淀都存在。

赵成明认为添加金属离子对矿物可浮性的影响与 pH 值有关，Al^{3+} 和 Fe^{3+} 在 pH < 4.0 时，对蓝晶石起较强的活化作用，且 Al^{3+} 活化强度大于 Fe^{3+}，在中性及碱性条件下，Al^{3+} 和 Fe^{3+} 的活化作用减弱进而转变成抑制作用。通过分析认为，Al^{3+} 和 Fe^{3+} 起抑制作用的主要组分是水解形成的羟基络合物，而且以一羟基络合物为主，并非是一些研究认为的金属氢氧化物沉淀。

1.5.3 调整剂对矿物浮选作用机理研究进展

调整剂主要包括两种：一种是无机阴离子调整剂，一种是高分子量有机调整剂。

无机阴离子调整剂在浮选中常作为抑制剂使用。对矿物浮选的主要作用有：（1）在矿物表面形成亲水性化合物薄膜、离子吸附膜等作用形式，使矿物表面亲水或削弱对捕收剂的吸附特性，从而起抑制作用；（2）溶去矿物表面由捕收剂所形成的疏水性盖膜，使捕收剂解析；（3）增加或减少矿物表面的捕收剂吸附活性点；（4）改变矿浆中的离子、分子组成。

有机调整剂对矿物主要有四种作用：（1）改变矿浆中离子组成及去活。有机抑制剂能与矿浆中的金属离子作用，掩蔽、消除这些活化离子对矿物的活化作用。（2）使矿物表面亲水性增强。有机抑制剂一般都带有多个极性基，包括对矿物的亲固基和亲水基，当极性基与矿物表面作用后，亲水基朝向矿物表面之外使其呈较强的亲水性，降低可浮性。（3）使已吸附于矿物表面的捕收剂解析或者防止捕收剂吸附。一些有机抑制剂与捕收剂能在矿物表面发生竞争吸附而减少捕收剂在矿物表面的吸附量。（4）一些有机抑制剂可活化捕收剂在矿物表面的吸附作用。一些阴离子型有机抑制剂在矿物表面吸附后，有利于阳离子捕收剂在矿物表面吸附。

Warren 和 Kitchner 认为胺浮选体系中矿物表面上荷负电的氟化铝络合物的生成是氟化物起活化的一个原因。

孙传尧等认为 HF 对石英具有很强的活化作用，主要是因为在 HF 的清洗作用下，石英表面的 Si^{4+} 及金属阳离子的 Fe^{3+} 相对含量增加，提高了石英表面的电位，有利于阴离子捕收剂以静电吸附或化学吸附形式与矿物表面发生作用，导致矿物表面疏水性显著增加。

陈湘清研究了在季铵盐捕收剂体系中，氟化钠对高岭石、伊利石和叶蜡石的浮选行为。研究结果表明，氟化钠在矿物表面上发生特性吸附作用，显著降低硅酸盐矿物的 Zeta 电位，而对一水硬铝石的电位影响不大。AES 研究表明，氟离子扩散至硅酸盐矿物颗粒内部，使得其在硅酸盐矿物颗粒上的吸附量很高，而只在一水硬铝石表面发生较低量的吸附。氟离子在硅酸盐矿物颗粒的表面和内部的高吸附量显著降低矿物的动电位，增强捕收剂与矿物的静电作用，从而起到活化作用。

印万忠等研究了在油酸钠体系中六偏磷酸钠对蓝晶石的抑制机理。研究表明，由于蓝晶石的解离表面暴露出大量的 Al^{3+}，表面正电性强，六偏磷酸钠极易吸附在矿物表面，从而使矿物表面带上负电荷，亲水性增强；同时，六偏磷酸钠也能与 Al^{3+} 的羟基络合物发生络合，而使六偏磷酸钠在矿物表面吸附，导致 Al^{3+} 失去与油酸根阴离子作用的机会。同时印万忠等研究还发现，在十二胺浮选体系中，对于解离后表面暴露金属阳离子数量较少、表面 Si、O 暴露较多的矿物，如石英、微斜长石、锂辉石和绿柱石，六偏磷酸钠对矿物的抑制作用与矿物解离时 Si—O 键断裂程度呈负相关关系，即四种矿物解离时 Si—O 键断裂程度：石英 > 微斜长石 > 绿柱石 > 锂辉石，六偏磷酸钠对矿物的抑制作用与上述顺序正好相反。

董宏军等研究了淀粉对蓝晶石、叶钠长石、锂辉石等作用机理，研究表明，由于解离后矿物表面均有 Al^{3+}、Si^{4+}、O^{2-} 等离子暴露，淀粉分子与这些离子的相互作用使淀粉对其浮选具有较好的抑制作用。另外，淀粉对硅酸盐矿物的抑制作用与介质 pH 值相关。

王芳在强酸性条件下研究了水玻璃对蓝晶石与石英的作用机理，认为在酸性条件下，石英表面荷负电，硅酸胶粒容易吸附在石英表面，实际矿石组成复杂，溶液中有 Ca^{2+}、Mg^{2+}、Al^{3+}、Fe^{3+} 等金属阳离子，金属阳离子的吸附使石英表面电性发生变化，由原来带负电的表面变为局部带正电，并存在活性点金属阳离子。因此，在用阴离子捕收剂浮选时，石英会受到阳离子和 Na_2SiO_3 的联合活化而上浮。而蓝晶石由于表面有较高的正电荷，可能会吸附溶液中少量的 $SiO(OH)_3^-$ 使蓝晶石受到轻微的抑制。

Manser 系统地研究了硅酸盐矿物的浮游性，他认为硅酸盐矿物的可浮性与矿物成分中的硅氧比含量、表面离子和活性区有关。硅氧比越大，接触角越大，表面金属阳离子有利于阴离子捕收剂的吸附，矿物在该浮选体系中的浮游性越好；用阳离子捕收剂时，浮选区域相对变小，表面阴离子活性区域（—Si—OH 和 —Si—O^-）越多，阳离子捕收剂越容易吸附在这些区域，因而用阳离子捕收剂时浮游性就越好。

孙传尧等认为糊精主要依靠氢键力在矿物表面吸附，也能与矿物表面的金属离子发生化学键合，或在金属阳离子区发生静电作用而吸附。岛状结构矿物解离后表面暴露了一些能与糊精结构中羧基结合的金属阳离子，如 Al^{3+}、Fe^{3+} 等，矿物表面正电性高，因其吸附糊精的能力较强，故无论是油酸钠浮选体系还是十二胺浮选体系糊精对该类矿物均具有一定的抑制作用；而架状矿物解离后表面暴露金属阳离子数量的相对比例较小，表面负电性强，难以吸附糊精，因此糊精对架状矿物的抑制作用最差。

史文涛认为在 pH > 4 时水玻璃对某些金属阳离子作用后的矿物存在抑制作用，主要是由于在此条件下带负电的硅酸胶粒和 $SiO(OH)_3^-$ 能进一步吸附在已在矿物表面吸附的金属离子的外部，或解析这些金属离子，形成不溶物沉淀或相应的络合物，从而改变矿物表面电性，并提高矿物亲水性，降低矿物可浮性，从而起到抑制作用。

1.6 研究内容及目的意义

1.6.1 研究目标

本书紧密结合目前蓝晶石的选矿生产经验，进行应用基础研究，旨在寻找一种在接近中性条件下进行蓝晶石矿物浮选分离的工艺条件及流程。

研究中选取蓝晶石、石英及黑云母三种矿物为研究对象，研究围绕接近中性介质中不同捕收剂、金属阳离子、无机阴离子调整剂以及有机调整剂等对矿物浮选的影响。在纯矿物浮选行为的基础上，进行了在近中性条件下蓝晶石实际矿物的反浮选小试、扩大化以及工业化试验。

具体研究目标为：

（1）系统研究在近中性条件下，以十二胺作为捕收剂，不同金属阳离子、无机阴离子调整剂、有机调整剂以及与十二胺的添加顺序对蓝晶石、石英及黑云母三种矿物浮选可浮性的影响。

（2）进行实际蓝晶石矿石的小型实验室试验、扩大化试验及工业试验，最终获得 Al_2O_3 品位超过 60.00% 的超纯蓝晶石精矿。

（3）揭示不同金属阳离子调整剂及抑制剂与蓝晶石矿物之间的作用机理。

1.6.2 研究内容

（1）蓝晶石矿物的晶体结构与表面性质。利用光电子能谱 XPS、化学键理论计算、矿物溶解试验及 Zeta 电位测试，研究蓝晶石、黑云母、石英矿物表面的晶体结构及表面性质，建立起矿物晶体结构及可浮性之间的关系。

（2）矿物可浮性试验。在接近中性条件下，以十二胺作捕收剂，系统地研究不同金属阳离子、无机阴离子调整剂、有机调整剂以及与捕收剂的不同添加顺序对矿物浮选的影响。

（3）矿物浮选过程的浮选动力学研究。

1）单矿物分批浮选试验：以十二胺为捕收剂，苛性淀粉为抑制剂，研究矿物浮选累计回收率与浮选时间之间的关系，查明矿物的最大回收率和浮游速度之间的差异。

2）浮选过程动力学研究及模拟：根据浮选动力学基本原理，分析矿物浮选动力学特性，建立起浮选动力学模型，预测矿物累计回收率与浮选时间之间的关系。

（4）实际矿石反浮选试验研究。

1）小型实验室浮选试验：以单矿物浮选试验和浮选动力学研究为基础，在捕收剂及抑制剂联合作用下进行蓝晶石与石英、黑云母在中性介质中的反浮选分离。

2）扩大化试验：在小型试验的基础上，进行实验室扩大化连选试验。

3）工业试验：在实验室小试、扩大化试验的基础上，进行工业化试验，最终蓝晶石精矿 Al_2O_3 品位超过 60.00%，精矿质量达到国家一级品标准。

（5）蓝晶石矿物的浮选机理研究。通过浮选溶液化学计算、药剂吸附量测定、矿物动电位测定、玻耳兹曼关于矢量场中的粒子分布的理论计算、红外光谱测试等手段，对中性条件下金属阳离子（ Ca^{2+} 、 Mg^{2+} 、 Al^{3+} 、 Fe^{3+} ）和苛性淀粉在蓝晶石、石英、黑云母三种矿物表面的作用机理进行研究。

1.6.3　技术路线

针对蓝晶石、石英、黑云母三种纯矿物，研究在十二胺浮选体系中，各种金属阳离子、无机阴离子调整剂、有机调整剂及其与十二胺的添加顺序对其浮选行为的影响；对单矿物进行分批浮选试验，分析矿物浮选动力学特性，建立浮选动力学模型；在纯矿物试验基础上进行实际矿石分选，并通过浮选溶液化学计算、矿物表面附近离子浓度的计算、Zeta 电位测定、红外光谱测试及药剂吸附量的测定探讨了不同调整剂对矿物的作用机理。其技术路线如图 1-1所示。

1.6.4　课题研究的目的和意义

随着科学技术的进步，新设备、新工艺、新药剂的出现，使蓝晶石浮选技术有可能产生突破。

蓝晶石与脉石矿物的浮选分离是提高蓝晶石矿产资源回收利用率及产品质量最关键的技术之一。通过对蓝晶石选矿企业的生产工艺调查表明，实际蓝晶石的浮选均在强酸性环境下生产，虽然蓝晶石的品质得到了保证，但对分选设备、生产环境和操作者形成了较大的不利因素，也成为蓝晶石生产企业可持续发展的最大障碍。

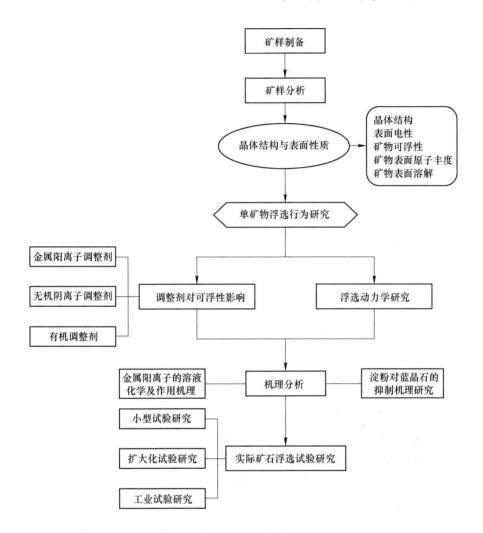

图 1-1　技术路线

　　因此，研究在中性条件下蓝晶石矿的浮选行为，在此基础上开展合理的浮选工艺技术，对推动我国蓝晶石矿山选矿技术及我国蓝晶石工业的可持续发展具有重大研究价值和意义。

2 试验样品与研究方法

2.1 矿样的采集与制备

2.1.1 纯矿物试样

将蓝晶石矿物破碎，先用小型颚式破碎机破碎至 10mm 以下，进行人工挑选，以选出含量较高的蓝晶石大晶体块矿，然后锤碎至 2mm 以下，再人工挑选脉石，以进一步去除杂质。把挑选好的矿样放入瓷球磨机中磨矿，磨一段时间后，将矿样倒出，用 0.105mm 的筛子进行筛分，+0.105mm 粒级的物料返回再磨，-0.105mm 粒级的物料再经 +0.043mm 筛子，将 -0.105 +0.043mm 粒级经摇床—悬振锥面选矿机—强磁除杂后，经去离子水清洗、干燥保存以备试验使用。

石英同上述制备类似，由于已经是矿砂，因此只需放入瓷球磨机磨矿，将磨好的石英筛分，最终将 -0.105 +0.043mm 粒级放入 100℃ 的恒温箱中烘干，移入磨口瓶中，用于浮选试验。

黑云母的纯矿物制备同石英的制备类似。

试验用纯矿物的纯度见表 2-1，化学成分分析见表 2-2。

表 2-1　试验用纯矿物的纯度

矿 物 名 称	纯度/%	产　　地
蓝晶石	98.50	河北邢台
石　英	99.42	河北邢台
黑云母	99.20	河北邢台

表 2-2　试验用纯矿物化学成分分析　　　　　　　（%）

名　称	Al_2O_3	SiO_2	Fe_2O_3	Na_2O	MgO	K_2O	CaO	P_2O_5
蓝晶石	61.93	37.69	0.54	0.09	—	0.11	0.08	0.07
石　英	0.207	99.40	0.124	0.0126	0.021	0.032	0.083	0.044
黑云母	16.16	39.78	16.56	0.24	11.09	11.25	0.13	0.00

图 2-1 ~ 图 2-3 所示分别是蓝晶石、石英以及黑云母的 XRD 的测定结果。从化学成分分析和 XRD 分析结果可以看出，这三种矿物样品纯度都较高。

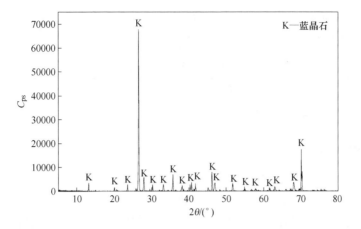

图 2-1 蓝晶石 XRD 图

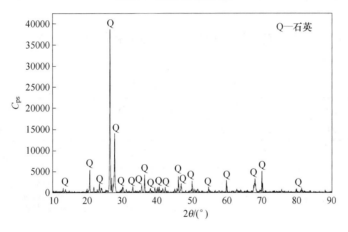

图 2-2 石英 XRD 图

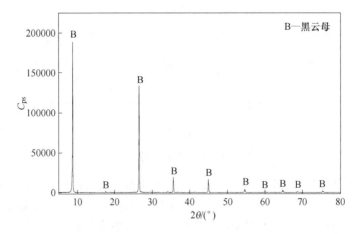

图 2-3 黑云母 XRD 图

蓝晶石、石英、黑云母三种矿物的比表面积见表2-3。由表2-3可知，蓝晶石的比表面积最小，其他两种矿物的比表面积比蓝晶石的大。

表2-3 纯矿物比表面积

矿　物	蓝晶石	石　英	黑云母
比表面积/$m^2 \cdot g^{-1}$	3.415	3.627	3.436

2.1.2 实际矿石矿样

浮选用实际蓝晶石矿石来自河北邢台某蓝晶石选矿流程中强磁选后的非磁性产品。矿样分两班取样（8：00～20：00，20：00～8：00），每小时各取一次，累计24次为一个系统样，每个车间共取三个批次系统样，最后混合在一起运往实验室。实验室对矿样进行自然晾干后，混匀缩分成多个单个矿样，以供分析、鉴定和后续选别试验。

实际矿石试样化学成分分析见表2-4，XRD结果如图2-4所示，工艺矿物学分析如图2-5所示。

表2-4 实际矿石试样化学成分分析　　（%）

化学成分	Al_2O_3	SiO_2	Fe_2O_3	Na_2O	MgO	K_2O	CaO	TiO_2
含　量	18.42	57.81	8.26	1.78	2.21	3.87	0.23	0.39

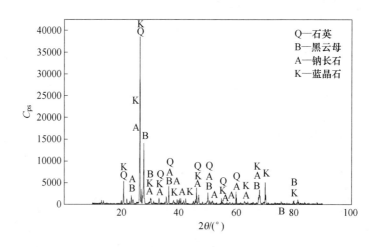

图2-4 实际矿石XRD分析

由分析结果可知，原矿Al_2O_3品位为18.42%，矿石中的主要杂质为SiO_2，其次为Fe_2O_3、K_2O、MgO等，原矿中没有对浮选流程有影响的有害元素。

从实际矿石化学成分及XRD分析可知，矿石中主要目的矿物为蓝晶石，脉石矿物主要是石英、黑云母及钠长石等。

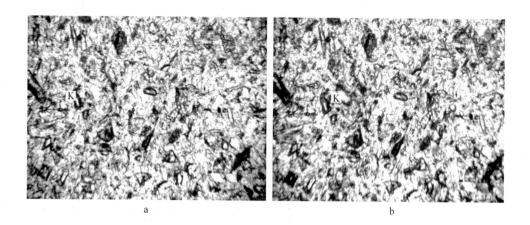

图 2-5 强磁尾矿工艺矿物学分析（K 表示蓝晶石）

a—强磁尾矿透光（－）×63；b—强磁尾矿透光（＋）×63

从强磁尾矿工艺矿物学中可以看出，蓝晶石含量为 35% ~ 45%，云母含量为 20% ~ 25%，石英含量为 20% ~ 25%，其他含量为 5% ~ 10%。因此，在后续研究中主要是对蓝晶石、云母以及石英的浮选分离研究。

2.2 化学试剂与设备仪器

2.2.1 化学试剂

试验采用的化学药品及浮选药剂的名称、品级、分子式等按其功能列表见表 2-5。

表 2-5 试验用化学药剂明细

药剂种类	药剂名称	品级	状态	分子式
捕收剂	十二胺	工业品	固态	$C_{12}H_{25}NH_2$
	十八胺	分析纯	固态	$CH_3(CH_2)_{16}CH_2NH_2$
	柴油	工业品	液态	
pH 值调整剂	盐酸	分析纯	液态	HCl
	氢氧化钠	分析纯	固态	$NaOH$
金属阳离子调整剂	氯化镁	分析纯	液态	$MgCl_2$
	氯化钙	分析纯	固态	$CaCl_2 \cdot 2H_2O$
	三氯化铝	分析纯	固态	$AlCl_3$
	三氯化铁	分析纯	固态	$FeCl_3$
	硝酸铅	分析纯	固态	$Pb(NO_3)_2$
	硫酸铜	分析纯	固态	$CuSO_4 \cdot 5H_2O$

续表 2-5

药剂种类	药剂名称	品 级	状 态	分子式
无机阴离子调整剂	氟化钠	分析纯	固 态	NaF
	水玻璃	工业品	液 态	$Na_2O \cdot nSiO_2$ ($n = 2.6$)
	六偏磷酸钠	工业品	固 态	$(NaPO_3)_6$
	硫化钠	工业品	固 态	Na_2S
有机调整剂	淀粉	分析纯	固 态	$(C_6H_{10}O_5)_n$
	糊精	分析纯	固 态	
	柠檬酸	分析纯	固 态	$C_6H_8O_7$
	AP	合成药剂	固 态	

　　所有的药剂均用去离子水配成适当浓度的溶液使用，其中配置胺类溶液时，加入等摩尔量的 HCl，配成澄清溶液；淀粉配置时，需加 NaOH 进行苛化，加热直至变成无色透明液体，冷却后使用，且现配现用。去离子水的水质分析结果见表 2-6。

表 2-6　去离子水的水质分析结果

成 分	Ca	Na	Mg	Sb	Ni	Sn	V	Zn	Al	As
含量/mg·L^{-1}	2.4	0.07	<0.02	<0.01	<0.01	<0.01	<0.01	0.05	<0.01	<0.01

2.2.2　设备仪器

　　矿样制备和浮选过程中所用的主要设备及仪器见表 2-7。

表 2-7　主要试验设备及仪器

序 号	设备名称	设备型号	生产厂家
1	颚式破碎机	SP60×100	武汉探矿机械厂
2	辊式破碎筛分机	XPS-φ250×150	武汉探矿机械厂
3	瓷衬球磨机	XMCQφ180×200	武汉探矿机械厂
4	挂槽浮选机	XFG	长春探矿机械厂
5	单槽浮选机	XFD	长春探矿机械厂
6	刻槽摇床	1100×500	南昌海峰探矿机械厂
7	精密酸度仪	PHS-3C	上海华岩仪器有限公司
8	紫外可见分光光度计	CE3021	美国巴克公司
9	比表面及孔径分析仪	ASAP2000	美国麦克仪器公司
10	全数字化红外光谱仪	VERTEX70	Bruker 公司
11	Zeta 电位及粒度分析仪	Zetasizer Nano ZS90	英国 MALVERN 公司
12	X 射线衍射仪	D/MAX2500PC	日本理学株式会社

序 号	设 备 名 称	设 备 型 号	生 产 厂 家
13	超声波清洗仪	Retsch USG 49/545	德国 RETSCH 公司
14	X 射线荧光光谱仪	ZSX Primus Ⅱ	日本理学公司
15	离心分离机	TGL. 16G	上海医疗分析仪器厂
16	场发射扫描电子显微镜（SEM）	S-4800	日本日立公司
17	超纯水机	70L/h	天津优普科技有限公司
18	周期式脉动高梯度磁选机	SLon-100	赣州金环磁选设备有限公司

2.3 研究方法

2.3.1 单矿物试验

2.3.1.1 纯矿物浮选试验

纯矿物浮选试验设备采用挂槽型浮选机，浮选机叶轮转速固定在 1920r/min。每次称取 −0.105 +0.045mm（−140 +325 目）矿样 2.0g，室温下（25℃左右）在 40mL 浮选槽中进行，浮选加药顺序及搅拌时间为：调浆 2min 后加入调整剂，3min 过后加入适量的捕收剂，搅拌 3min，然后刮泡 5min，试验流程如图 2-6a 所示。同时更换调整剂与捕收剂的顺序，试验流程如图 2-6b 所示。浮选结束后分别对泡沫产品和槽内产品进行过滤、干燥、称重，并计算浮选回收率。

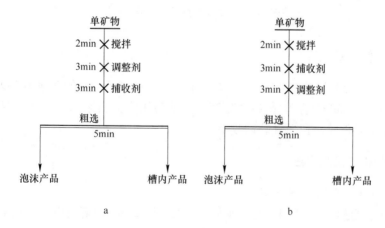

图 2-6 纯矿物浮选试验流程图

2.3.1.2 纯矿物分批浮选试验

每次试验用矿 2.0g，在挂槽式浮选机（浮选槽容积为 40mL）中进行浮选试验，按调整剂、捕收剂的顺序加药后，开始分段、连续刮泡 0.1min、0.2min、0.3min、0.4min、1.0min、1.5min、1.5min(累计 5min)，分别得到精矿 1、精矿 2、精矿3、精矿4、精矿5、精矿6、精矿7。试验过程中浮选机转速为1920r/min，试验结束后烘干精矿和尾矿并称重，计算浮选回收率，试验流程如图2-7所示。

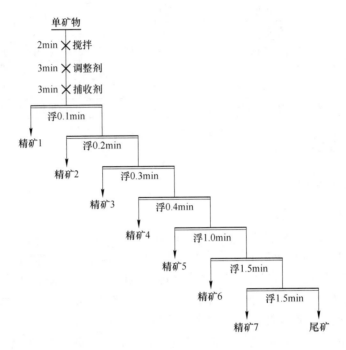

图 2-7　单矿物分批浮选试验流程

2.3.2　实际矿石试验

实际矿样浮选试验在 0.5L XFD 型单槽浮选机中进行。叶轮转速为1998r/min，每次试验称重150g，浮选浓度约为25%。试验用水为自来水，浮选产品分别烘干、称重，经化验品位后计算回收率。

2.3.3　分析与检测方法

2.3.3.1　吸附量的测定

采用差减法测定，取1g被测纯矿物，加入到25mL的溶液中（一定的药剂浓度），磁力搅拌3min，离心搅拌5min，转速为8000r/min，离心分离后取滤液测药剂的残余浓度，再与原始溶液的药剂浓度差减即可得到矿物表面的药剂吸附量。

2.3.3.2　红外光谱（FTIR）测定

红外光谱分析是一种应用较为广泛的研究方法和手段，最大的优点是能够以较为简单的方式提供研究物的结构和成分信息。在硅酸盐矿物浮选中，红外光谱分析主要来研究浮选药剂在矿物表面的吸附作用机理。

红外光谱测试样品的制备方法为：在某个温度条件下，一定pH值的蒸馏水溶液中，加入一定量的矿物与药剂，进行充分搅拌，使矿物与药剂充分作用30min，静置一段时间，待矿物完全沉降后，用吸管吸出上层清液，然后用该pH值蒸馏水溶液洗涤矿物两次，固液分离后自然晾干。测量时，取1mg矿物与100mg光谱纯KBr混合均匀，用玛瑙研钵研磨，然后加到压片专用的磨具上加压、制片，进行测试。

2.3.3.3 Zeta电位测定

测量方法：先将矿样磨至 $-2\mu m$，每次称取30mg放于烧杯中，均匀搅拌后，分别调节不同的pH值，保持溶液体积50mL，用磁力搅拌器搅拌10min后依次测出不同pH值时相对应的Zeta电位。

2.3.3.4 物料比表面积测定

采用静态氮吸附容量法测定物料比表面积。在液氮温度下，对样品抽真空，再充以高纯氮气，使样品进行物理吸附，再根据吸附量计算物料的比表面积。

测得 $-0.105+0.043mm$（ $-140+325$ 目）蓝晶石、石英、黑云母纯矿物样品比表面积分别为 $3.415m^2/g$、 $3.627m^2/g$、 $3.436m^2/g$。

2.3.3.5 X射线荧光光谱分析

X射线荧光光谱分析是指利用某些物质在紫外光照射下产生荧光的特性及其强度进行物质的定性和定量分析的方法。

蓝晶石、黑云母以及石英的X射线荧光分析结果由东北大学分析测试中心提供。

2.3.3.6 XRD分析

待测样品在华北理工大学测试中心的D/MAX2500PC型X射线衍射仪上扫描得到矿物的X射线衍射谱。试验条件：40kV、100mA、Cu靶、扫描速度4°/min、扫描范围10°~70°、步长0.02°。

2.3.3.7 扫描电镜分析（SEM）和能谱分析（EDS）

将待测样品置于导电胶上，喷金后在扫描电子显微镜下采用不同倍率观察其形貌特征和粒径尺寸大小，利用X射线能谱仪（EDS）可以在显微形貌和显微结构分析的同时进行微区成分分析，可进行材料的显微结构观察与分析、材料中缺陷分析、失效分析等。

2.3.3.8 蓝晶石品位测定

技术指标（如品位）的分析主要采用化学分析测定，依据中华人民共和国国家标准《硅酸盐岩石化学分析方法第四部分：三氧化二铝量测定》（GB/T 14506.4—2010）。

3 蓝晶石矿物的晶体结构与表面性质

矿物的晶体结构决定了其在水溶液中的表面性质，矿物浮选就是利用矿物表面性质的差异来实现。从根本上说，不同矿物的浮选行为差异是由于它们之间晶体结构的差异造成的，因此研究矿物晶体结构、表面性质和矿物在水溶液中的化学性质三者之间的相关关系，有助于清楚地认识矿物的浮选行为以及各种药剂在矿物表面的作用机理，从而对矿物浮选分离工艺的确定具有指导意义。

矿物的晶体结构是指矿物的化学组成、化学键、晶体结构及其性质之间的关系，是矿物最本质的特征。矿物晶体在外部所表现的现象和性质大都是以其内在的晶体化学特性为依据的，即矿物晶体的物理和化学性质都与矿物内部结晶构造有关。因此，从晶体化学角度分析蓝晶石、石英和黑云母矿物的浮游性，建立起矿物晶体结构和可浮性之间的联系，是解决这类矿物分离问题的重要途径之一。

本章主要研究蓝晶石、石英、黑云母三种矿物的晶体结构、表面性质及矿物在水溶液中的化学性质之间的关系。

3.1 矿物晶体结构中化学键的理论计算

硅酸盐矿物中的化学键以离子键和共价键为主，离子键为不同电荷的离子在库仑力（静电引力）的作用下相互吸引所产生的键，共价键为具有自旋相反的未成对电子的两个原子共用电子对所形成的键。但在实际的矿物晶体中，不存在纯离子键和纯共价键，两个质点间的化学键的键性，或者共价键成分多一些或者离子键成分多一些。在矿物结构中原子间离子键成分越大，键的极性就越大，键就越容易断裂，因此矿物表面与水的相互作用活性就越强，即亲水性越强；相反，当共价键成分越大时，键的非极性程度就越大，键就越难以断裂，矿物表面与水相互作用的活性就较弱，即矿物表面疏水性就越强。

根据文献［23］中的公式及文献［5，6］中的数据可以对矿物晶体结构中的化学键参数进行计算。

（1）矿物结构中阴阳离子间的静电引力可用库仑定律来计算。

$$F = K \frac{Z_{\text{M}} Z_{\text{X}} e^2}{(R_{\text{c}} + R_{\text{a}})^2} \tag{3-1}$$

式中　F——阴离子与阳离子之间的静电引力；

　　Z_M——阳离子电价；

　　Z_X——阴离子电价；

　　R_c——阳离子半径；

　　R_a——阴离子半径；

　　e——电子电量；

　　K——常数。

（2）化合物中化学键的离子性。

$$\varphi = 100\left[1 - e^{-(X_A - X_B)^{24}}\right] \tag{3-2}$$

式中　φ——化合物中键的离子性；

X_A，X_B——化合物中两种原子的电负性。

（3）矿物结构中阴阳离子间的相对键合强度计算。

$$\sigma = K\frac{W_K W_d}{CNd^2}\beta \tag{3-3}$$

式中　K——键合系数；

W_K，W_d——正原子和负原子的价；

　　CN——配位数；

　　d——原子间的距离；

　　β——键合弱化系数，$\beta = 0.7 \sim 1.0$。

矿物结构中 M^{n+} 和 O^{2-} 间的相对键合强度越大，键越牢固，矿物解离时键就越难以断裂。

（4）矿物结构中 M^{n+}—X^{n-} 键极性的计算。

$$F = \frac{Z}{CNr_c^2} \tag{3-4}$$

$$\lambda = \frac{F_X - F_M}{F_X + F_M} \tag{3-5}$$

式中　F——键力；

　　Z——成键电子与核分开后，原子核的电价数；

　　r_c——离子共价半径；

　　F_X——非金属离子的键力；

　　F_M——金属离子的键力；

　　λ——键极性。

本书作者根据式（3-1）~ 式（3-5）对晶体结构中化学键进行计算，结果见表3-1，表中 M^{n+} 代表金属阳离子，X^{n-} 代表阴离子。

表 3-1 矿物晶体结构中化学键参数计算

矿 物	结构类型	$M^{n+}—X^{n-}$ 键的种类	M 阳离子半径/nm	M 配位数	M 元素电负性	$M^{n+}—X^{n-}$ 键长/nm	$M^{n+}—X^{n-}$ 离子键成分/%	$M^{n+}—X^{n-}$ 库仑力 F /ke²	$M^{n+}—X^{n-}$ 键的极性	$M^{n+}—X^{n-}$ 相对键合强度
蓝晶石	岛状	Al—O	0.032	6	1.47	0.194	64.30	1.77	0.86	0.28 ~ 0.35
		Si—O	0.034	4	1.74	0.162	53.90	3.20	0.66	0.78 ~ 1.11
石英	架状	Si—O	0.034	4	1.74	0.160	53.90	3.20	0.70	0.80 ~ 1.14
黑云母	层状	K—O	0.170	12	0.91	0.312	81.31	0.23	0.91	0.01 ~ 0.02
		Fe—O	0.063	6	1.64	0.213	57.89	1.72	0.84	0.22 ~ 0.31
		Si—O	0.034	4	1.74	0.165	53.90	3.20	0.66	0.75 ~ 1.07
		Al—O	0.061	6	1.47	0.194	64.30	1.77	0.86	0.26 ~ 0.37

表 3-1 的计算结果表明，在矿物的晶体结构中，$M^{n+}—X^{n-}$ 键长、离子键百分数、库仑力、离子键的极性以及相对键合强度之间具有很好的一致性。$M^{n+}—X^{n-}$ 键长越短，离子键百分数越低，键的极性也就越小，离子之间的库仑力也就越大，相对键合强度越大，$M^{n+}—X^{n-}$ 键就越难以断裂。同时也可以看出，金属离子 $M^{n+}—X^{n-}$ 键的强弱顺序为：Si—O > Al—O > Fe—O > K—O。

3.2 矿物的晶体结构

硅酸盐矿物的表面特性直接取决于它的晶体化学特征，因为晶体化学特征在很大程度上决定了矿物破裂时解离的方向，进而决定了表面断裂键的种类和强弱。因此，根据矿物的晶体化学特征大体上可以分析和预测矿物破碎后的某些表面特性。

对于破碎后表面暴露的金属阳离子难以溶解于水的硅酸盐矿物，矿物表面性质受表面断裂的 Si—O 键和 M（金属）—O 键所控制；对于破碎后表面暴露的晶格阳离子能溶解于水的硅酸盐矿物，其表面性质主要受断裂的 Si—O 键、M—O 键中的 M 的种类或受构成硅酸盐矿物的链或网层中的电荷所控制。断裂的 Si—O 键在水中与水分子作用，Si 键合 OH^-，O 吸附 H^+，这两种因素使矿物表面键合羟基。随着介质 pH 值变化，OH^- 或 H^+ 在矿物表面的分布发生变化，使矿物表面荷电。M—O 键断裂后，当 M 离子部分转入液相时，在水中生成水化程度不同的金属羟基络离子，改变了介质 pH 值，也改变了羟基络合物在矿物表面的吸附密度。

河北邢台蓝晶石矿组成矿物中主要矿物有三种：有用矿物是蓝晶石，脉石矿物是石英和黑云母，下面介绍这三种矿物的晶体结构。

蓝晶石（Al_2SiO_5）属于岛状硅酸盐矿物，三斜晶系，其结晶结构如图 3-1 所示。蓝晶石的晶体结构中每个氧与一个 Si^{4+}、两个 Al^{3+} 或者四个 Al^{3+} 相联结，

1/2的Al^{3+}形成共棱相连的［AlO_6］八面体链，另一半Al^{3+}也呈［AlO_6］八面体，与［AlO_6］八面体链以共角顶和共棱的方式联结成平行（100）面的八面体复杂层，其层间以［SiO_4］四面体与［AlO_6］八面体相联结。通过计算表明，［SiO_4］的键合强度远大于［AlO_6］，这样，当蓝晶石晶体裂开时，断裂容易发生在弱化了的Al—O键上，而Si—O键很难断裂，故解离后矿物表面Al^{3+}得到较多的暴露，Si^{4+}暴露的相对较少。

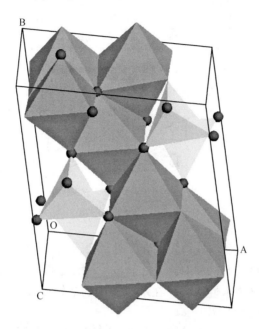

图 3-1　蓝晶石的晶体结构

物理性质：一般呈蓝色，但也可以呈白色、灰色、黄色、浅绿色。玻璃光泽，解理面上有时现珍珠光泽。蓝晶石的密度为$3.53 \sim 3.65 g/cm^3$，在蓝晶石族矿物中比重最大，可以推想蓝晶石最紧密，其结构表现为氧离子作最紧密堆积。

蓝晶石破碎时在所有新生面上都要暴露出化合价和配位价不饱和的铝原子，这些配位价不饱和的原子有可能和被吸附的捕收剂阴离子形成化学键。

石英的晶体结构如图3-2所示，其结构中每个硅原子以4个单键分别连接4个氧原子构成硅氧四面体，而四面体中的氧原子又与相邻的［SiO_4］四面体共用而连接成三维空间无限延伸的架状结构。以角顶相连的四个［SiO_4］四面体围成一个四方环，环环相连形成硅氧层，因此［SiO_4］在C轴方向上呈螺旋状排列。

石英结构中的硅与周围的四个氧都以原子键结合，其中60%是共价键，40%是离子键，且各向键力相等。由于石英中所有的键实际上是等值的，故无解理面形成；破碎后的石英颗粒具有等轴形状，石英的莫氏硬度等于7。石英结构中

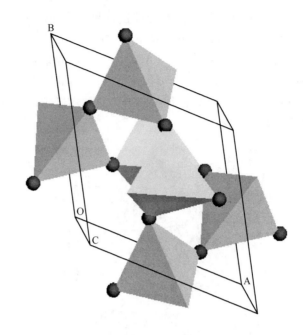

图 3-2 石英晶体结构

只有 Si—O 键存在, 当受到外力强行破碎时, 会造成 Si—O 键的大量断裂, 因此矿物表面暴露了大量的 Si^{4+} 和 O^{2-}。由于 Si—O 键键能很高, 因此石英破碎断面上的极化程度较高, 亲水性极强, 在水溶液中的溶解度较高, 表面负电性较强, 零电点很低, 化学活性较强。

石英的基本结构是六方晶格, 晶格以下列数值表征: $a = 0.490nm$; $c = 0.539nm$。一个单位晶胞含三个 SiO_2 分子。在硅氧四面体中有两个 Si—O 键的长度为 0.16046nm, 另两个 Si—O 键为 0.16136nm。

物理性质: 石英砂的颜色常为乳白色、无色、灰色, 性脆, 贝壳状断口, 密度为 $2.65g/cm^3$。

石英晶体破碎后, 其表面暴露出氧和硅离子。D. W. Fuerstenau 认为石英在干燥的环境中破碎时, 破裂的 Si—O 键产生一个活性表面, 如果新表面暴露在水蒸气中, 未饱和的硅区和氧区能化学吸附水, 表面为氢氧根覆盖, 我国学者贾木欣同意上述观点, 认为石英在有水蒸气的空气中, 会发生表面重构, 石英表面是带负电的。根据静电规律, 阳离子可以被吸附在这个区域, 而阴离子捕收剂浮选石英时, 由于其表面无多价金属阳离子存在, 所以阴离子捕收剂不能在其表面发生化学吸附, 石英的可浮性很差。

黑云母的晶体结构如图 3-3 所示, 图中有两层四面体层, 八面体层夹在中间, 位于其中的阳离子是 Al、Mg 或 Fe, 在图中以中心带叉的圆圈表示。它们上下均与硅氧四面体层中的两个 O^{2-} 以及位于六边形中心的一个 OH^- 相配位，形成氢氧铝石 Al—O_4(OH)$_2$ 或氢氧镁石 Mg—O_4(OH)$_2$ 夹层。

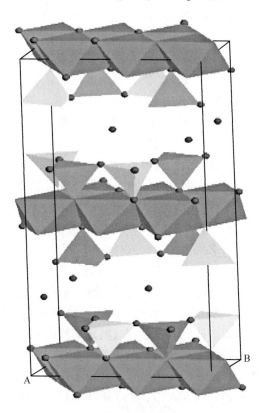

图 3-3　黑云母的晶体结构

当黑云母晶体裂开时 K—O、Al—O、Si—O 等键发生断裂，破坏发生在最弱的 K—O 键以及弱化了的 Al—O 键上。这样，在表面上就暴露了钾、氧和部分铝、硅等离子。根据价键理论有一半电荷未被补偿的钾离子将不牢固地保持在黑云母的表面上，解理面上将充满硅氧四面体阴离子。在黑云母的端部含铝（镁、铁）、氧离子和部分硅离子，如果黑云母颗粒的解理面对断面的面积比很大，就可以认为黑云母表面上主要是硅氧四面体阴离子。

黑云母化学组成中 Fe 的含量较高，通常显黑色、绿黑色或褐黑色，Ti、Na、Ca、Mg 等也常以类质同象形式混入，使黑云母成分复杂多变。

通过对矿物晶体结构的分析可以得出结论：当矿物破碎后，蓝晶石表面主要区别于石英和黑云母的地方是在蓝晶石晶体表面上有为数较多的未被补偿的铝离子，而石英与黑云母表面主要是硅氧四面体阴离子，这种差异使得有可能阳离子捕收剂对蓝晶石矿物进行反浮选分离。

3.3 矿物表面荷电机理

大部分氧化矿和硅酸盐矿物在水中形成羟基化表面，矿物表面 H^+ 的吸附与电离使得矿物表面荷电。

通过矿物表面酸碱性强度分析可知，酸性矿物表面容易电离 H^+，不加任何调整剂情况下，表面荷负电，要使矿物表面荷电为零，则需要较低的 pH 值（如石英），对于碱性矿物表面则相反，需要较高的 pH 值（如刚玉），当矿物表面生成的 $[M—O^-] = [M—O—H_2^+]$ 时，此时的矿浆 pH 值为其零电点。

矿物表面电性对浮选有着多方面的影响，如矿物悬浮体的分散或凝聚，矿物表面的亲水性，药剂在矿物表面的吸附，等等。浮选中很多药剂是以离子形态在矿物表面进行吸附的，矿物表面电性对离子的物理吸附起决定作用，对化学吸附也有重要影响。因此，研究矿物表面电性对矿物的浮选分离有着重要的指导意义。

根据矿物在纯水中的 Zeta 电位，可以得出其零电点，由此选择合适的捕收剂；并可与药剂作用后的 Zeta 电位对比，分析捕收剂的吸附方式，当捕收剂与矿物表面电性相异时必产生静电吸附，但此时也有可能存在化学吸附；当表面电性相同时，应互相排斥却能吸附在矿物表面，从而使 Zeta 电位朝更正（或负）值方向移动，则是化学吸附。研究浮选过程时测定矿物的 Zeta 电位，可以了解矿物的有关表面性质和浮选药剂在矿物表面的固着特点。

磨矿时在矿物表面暴露出了配位数和化合价不饱和的原子，这些原子中有具正电荷的，也有具负电荷的。在水中，原子键破坏后可以由氢氧离子和氢离子补偿。对于所研究的蓝晶石、石英及黑云母，根据其化学性质与晶体结构，可能暴露出的原子是氧、硅、铝、铁、镁、钾等。

用 Zeta 电位及粒度分析仪测定了在不同 pH 值介质中蓝晶石、石英和黑云母纯矿物的 Zeta 电位，如图 3-4 所示。Zeta 电位测试结果表明：（1）随着 pH 值逐渐增大，这三种矿物的 Zeta 电位从正值开始逐渐下降变成负值，且在相同 pH 值下三者电位相差较大，降低介质 pH 值能使所有矿物的负电值下降；（2）从图 3-4 可以看出，蓝晶石的等电点为 pH = 6.7，石英为 pH = 2.0，黑云母为 pH = 3.9。

3.3.1 蓝晶石

由图 3-4 可以看出，在 pH = 6.7 的接近中性介质中出现了蓝晶石的等电点。蓝晶石在溶液中具有较高的等电点，这一现象与其晶体化学特征有一定的关系。蓝晶石属于岛状结构硅酸盐矿物，其晶体结构中四面体中的 Si—O 键比八面体中的 Al—O 键要牢固得多，因此蓝晶石解离时，晶体的破坏大都发生在 Al—O 键上，致使新生面上都暴露出铝，形成了蓝晶石的活性点。由于蓝晶石表面多价阳离子对于阴离子的相对密度 $\Sigma M^{n+}/\Sigma O^{2-}$ 高，因此在酸性条件下矿物呈正电，零电点相对较高。

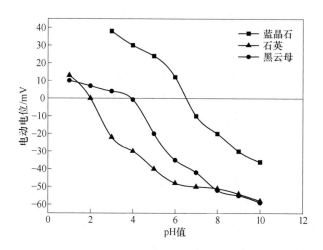

图 3-4 不同介质 pH 值时蓝晶石、石英和黑云母的 Zeta 电位变化曲线

蓝晶石结构中 Si—O 倾向于显酸性，Al—O 键显两性，在水溶液中的荷电与溶液 pH 值有关，如图 3-5 所示。

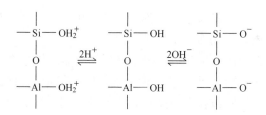

图 3-5 蓝晶石表面的荷电机理

蓝晶石结构中铝氧键显两性，在碱性介质中，蓝晶石表面具有较强的负电性，且此时难溶物形成，使矿物表面的 Al 的活性中心数目减少；在酸性介质中，蓝晶石表面负电荷减少，Al 活性中心的数目增加；在较强的酸性介质中，蓝晶石表面上铝离子被浸出的数量逐渐增加，导致 Al^{3+} 的突出暴露，从而使其表面正电性增加。

3.3.2 石英

由图 3-4 可以看出，在 pH = 2.0 的强酸介质中出现了石英的等电点。石英结构中，［SiO_4］四面体均以其四个角顶上的 O^{2-} 分别与相邻的［SiO_4］四面体共用而联结成三维空间无限延伸的架状结构，结构中的硅与周围的四个氧均以原子键结合，且各向键力相等。因此，当石英受到外力强行作用时，会造成 Si—O 键的大量断裂，使矿物表面暴露大量的 Si^{4+} 和 O^{2-}，表面多价金属阳离子对于阴离子的相对密度接近零。因此在中性及碱性条件下矿物主要荷负电，零电点相对较低，因此阳离子捕收剂与石英表面静电吸附作用很强，此时石英有较好的可浮性。

孙传尧和印万忠详细研究过石英的 Zeta 电位依介质 pH 值而改变的性质。石英破坏后表面出现氧原子和硅原子的破坏键，通过氢氧根离子和氢离子在矿物表面上与该价键相补偿产生表面硅酸。此外，水分子和硅氧烷基团 Si—O—Si 中的氧作用依靠氢键固着在石英表面上。硅氧烷基具有弱酸性，它的解离使得石英表面具有负电性。改变介质 pH 值将导致硅氧烷基的解离度发生变化，即表面负电荷在碱性介质中增加，在酸性介质中减少。

在水溶液中石英的动电行为的起源有人认为是石英表面酸基的形成及此酸基随后的溶解。Gaudin 等提出的石英在水中的荷电机理模式是：（1）石英晶体破裂后，硅氧键破裂；（2）在水溶液中吸附定位离子，生成羟基表面；（3）在不同介质 pH 值条件，产生解离或吸附，形成不同的表面电性。由于这种解离和吸附是可逆过程，因此石英表面在较宽的 pH 值范围内整体表现出负电性。

3.3.3 黑云母

由图 3-4 可以看出，在 pH = 3.9 的弱酸介质中出现了黑云母的等电点。在中性及碱性区域内，黑云母表面主要具负电荷。

黑云母表面电荷的改变情况可以根据其矿物结晶结构来进行解释。黑云母颗粒因其层状结构而成片形。黑云母颗粒电荷取决于端部和解理面的电荷。据研究表明，在水中层状云母颗粒在围绕晶棱的地方带正电，在平面上则带负电。

端面部分带正电的原因可能是因为在该条件下带正电的铝原子提供了主要电荷。在硅氧四面体中在不饱和氧键上发生对氢离子的吸附生成了硅酸；解离面上具负电荷主要就是由于硅酸解离造成的。根据上述分析可以推测出，在解离面上暴露出的钾原子对该部位的表面电性不会有重要的影响。同时钾原子很容易被浸出，尤其是在酸性介质中。

由此分析，黑云母颗粒总电荷既取决于解理面上的也取决于端面上的电荷量和符号。解理面的面积若比端面积大得多，那么矿粒总电荷中的主要部分是解离面上的电荷，这就是在中性介质中黑云母表面具有负 Zeta 电位的原因。在碱性区矿物表面负电荷增加，这与表面硅酸解离作用增强以及表面氢氧化铝解离性质发生变化有关。随着介质酸性增强，硅烷醇基的酸解离受到抑制，而端部表面上氢氧化铝按碱式进行的解离作用急剧增强，因而黑云母表面负电荷降低很多。

从上述分析可知，蓝晶石在酸性（pH = 2.5 ~ 3.5）条件下，蓝晶石矿物表面荷正电，石英荷负电，黑云母荷正电，因此在抑制剂作用下，可采用阴离子捕收剂，如石油磺酸钠、十二烷基苯磺酸钠等，与蓝晶石矿物表面发生较强静电吸附作用从而实现上浮。同时在接近中性条件下（pH = 6.5），黑云母与石英荷负电，而蓝晶石荷正电，因此也可考虑抑制蓝晶石，浮选石英及黑云母的反浮选工艺流程。

3.4 矿物在不同捕收剂作用下的可浮性

图 3-6 ~ 图 3-8 所示为蓝晶石、石英、黑云母在不同 pH 值条件下，分别用油酸钠、十二烷基磺酸钠和十二胺为捕收剂，且在未添加金属阳离子时矿物的可浮性关系曲线。

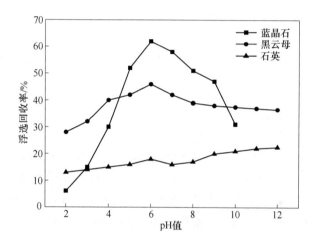

图 3-6 矿物可浮性与 pH 值关系曲线（油酸钠用量为 3mg/L）

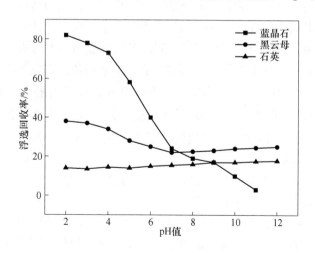

图 3-7 矿物可浮性与 pH 值关系曲线（十二烷基磺酸钠用量为 10mg/L）

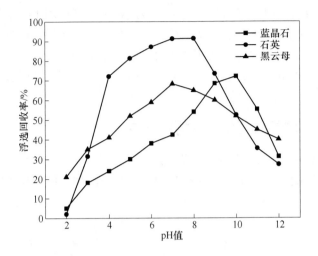

图 3-8 矿物可浮性与 pH 值关系曲线（十二胺用量为 10mg/L）

试验 pH 值在 2.0 ~ 12.0 之间，在酸性条件下用 H_2SO_4 作矿浆 pH 值调整剂，碱性条件下用 NaOH 作矿浆 pH 值调整剂，捕收剂油酸钠的用量为 3mg/L。

从图 3-6 的试验结果可以看出：

（1）在 pH 值从 3.0 到 10.0 变化范围内，蓝晶石精矿回收率呈先上升后下降的趋势，在 pH 值为 5 ~ 7 之间，蓝晶石可浮性很好，回收率最高达 62% 左右。Manser 通过研究表明，在油酸钠浮选体系中蓝晶石的 pH = 3.0 ~ 8.5 之间可得到较好的浮游，且其可浮性对 pH 值变化不敏感。该试验研究结果也证实了这一观点。

在 pH < 3 时，尽管颗粒荷有较高的正表面电位，但是荷负电的油酸根离子对矿物颗粒的吸附很少。Fuerstenau 等已经讨论过这一现象，认为在低 pH 值下的物理吸附系统中，溶液中的无机阴离子同双电层中表面点上的阴离子表面活性剂进行剧烈的竞争。这些无机阴离子通常是在 pH 值调整剂期间同 H^+ 离子一起进入溶液中的 Cl^- 和 SO_4^{2-} 离子。例如，在本书中 H_2SO_4 被用来作为 pH 值调整剂，在 pH = 1 时，SO_4^{2-} 的浓度为 0.05mol/L，这一数值为油酸盐浓度的数百倍。在这种情况下，SO_4^{2-} 可以非常有效地同油酸根离子竞争，从而防止油酸根离子在蓝晶石矿粒上的吸附。

（2）黑云母的可浮性较差，在 pH = 2 ~ 12 之间，精矿回收率呈先上升后下降的趋势，但最大回收率不超过 46%。

（3）从图 3-6 可以看出，石英在油酸钠体系中的可浮性很差。在 pH 值从 2.0 到 12.0 变化范围内，石英的回收率总体呈上升的趋势。表明从酸性介质到碱性介质，随着 pH 值上升，石英的可浮性增大。许多学者的研究表明，纯净的石英在油酸钠浮选体系中完全不上浮。本试验研究中结果所示的石英仍有轻微可浮性的原因可能是石英表面不纯，或者一些阳离子在石英表面存在局部正电区，从而使阴离子油酸钠捕收剂在石英表面部分区域产生吸附。

通过上述分析表明，油酸钠对蓝晶石具有比较好的选择性，这为三种矿物的浮选分离创造了条件。因此在使用油酸钠作为蓝晶石矿物的捕收剂时，添加合适的用量将会有利于从蓝晶石矿中浮选分离出蓝晶石。

从图 3-7 的试验结果可以看出：

蓝晶石在 pH = 2 ~ 4 范围内具有较好的可浮性，当 pH > 4 时蓝晶石的可浮性迅速下降。蓝晶石在强酸性条件下可浮性较好的原因是，该介质条件下蓝晶石表面负电荷较少而活性中心 Al^{3+} 数目较多，使阴离子捕收剂在矿物表面大量吸附所致。这一研究结果与该矿物晶体化学特点与表面电性研究结果相对应。

石英的回收率很差，最大值不超过 17%；而黑云母的可浮性也较差，最大回收率不超过 40%。

上述分析表明，十二烷基磺酸钠对蓝晶石具有很好的选择性，这为三种矿物的浮选分离创造了条件。与采用油酸钠的浮选结果相比较可以看出，在 pH = 2 ~ 4 之间，使用十二烷基磺酸钠作为蓝晶石矿物的捕收剂时，添加合适的药剂用量更有利于从蓝晶石矿中浮选分离出蓝晶石。

硅酸盐矿物在水溶液中在较宽的 pH 值范围内主要荷负电，因此使用阳离子捕收剂对硅酸盐矿物均具有较好的捕收作用。十二胺是最常见的阳离子捕收剂，广泛用于有色金属氧化物矿物和石英、长石、云母等铝硅酸盐矿的浮选分离。因此采用十二胺盐酸盐为阳离子捕收剂，在不同 pH 值条件下进行了三种矿物的可浮性试验，试验结果如图 3-8 所示。

十二胺盐酸盐在溶液中的存在形式受 pH 值的影响很大，分子与离子缔合、离子之间的缔合都与此有关。另外，pH 值也影响着矿物表面性质。当使用阳离子捕收剂时，蓝晶石的回收率随着 pH 值的增加先升高而后下降：当 pH = 6 时，回收率仅为 40%；当 pH ≈ 8 时，回收率达到最大值 52%。黑云母的回收率随着 pH 值的增加也是呈先升高后降低的趋势：当 pH = 7 时，黑云母的回收率为 68%。在 pH = 7 ~ 10 时，石英最大回收率几乎达 100%；在 pH > 10.0 以后，溶液中各种离子形式存在得很少，没有明显的各种分子形式的吸附和共吸附发生，因此石英的浮选回收率迅速减少，其主要原因是弱碱性的胺捕收剂的羟基化作用引起的。

与采用油酸钠及十二烷基磺酸钠作捕收剂的浮选效果对比可以看出，可以使用十二胺盐酸盐等阳离子捕收剂作为蓝晶石矿物反浮选的捕收剂，并添加合适的对蓝晶石有效的抑制剂，有可能从蓝晶石矿中通过反浮选的方法分离出蓝晶石。

3.5 矿物表面原子丰度

经前面分析结果表明，十二胺盐酸盐捕收剂在蓝晶石、黑云母及石英矿物表面都能产生吸附，在浮选过程中，药剂在矿物表面的吸附将会导致表面的疏水性发生改变，矿物表面疏水性的强弱与药剂在矿物表面的吸附量有直接的关系，由于十二胺盐酸盐易与矿物表面硅氧四面体阴离子作用，而不易与矿物表面铝离子作用，因此矿物表面硅原子丰度的大小将会直接影响捕收剂在矿物表面的吸附量。

本书采用光电子能谱测试，通过测量峰面积并根据各原子的灵敏度因子计算样品表面各原子的含量。

蓝晶石、黑云母和石英矿物表面原子丰度的测试与计算结果（原子百分比）见表3-2。

表3-2　矿物表面原子丰度的计算结果（原子百分比）　　　　（%）

元　素	O	Si	Al	Fe	Mg	H	K
蓝晶石	49.37	17.28	33.33				
黑云母	39.17	21.52	7.91	17.85	5.00	0.42	8.13
石　英	55.24	44.28	0.48				

测试结果表明，蓝晶石、黑云母以及石英表面均有大量氧原子，三者的不同之处在于：

（1）蓝晶石表面的铝原子丰度是黑云母表面的铝原子丰度的4.21倍，而石英表面还存在0.48%的铝原子，理论上铝原子在石英表面不存在，但是由于纯矿物试样中还有少量的杂质，所以测试结果在石英表面有0.48%的铝原子。

（2）石英表面的硅原子丰度是黑云母表面硅原子丰度的2.06倍，是蓝晶石表面硅原子丰度的2.56倍。

由此看来，蓝晶石、黑云母以及石英表面性质的最大差异在于矿物表面的原子丰度不同，其中在十二胺盐酸盐浮选体系中表面硅原子丰度的差异是导致三种矿物可浮性差异的主要原因所在。

3.6 矿物表面溶解

在水溶液中，矿物都有一定程度的溶解，矿物溶解度的大小与其晶体结构有很大关系。以离子键为主的矿物，如盐类矿物、大部分的氧化矿物以及一些硅酸盐矿物，溶解度相对较大；以共价键为主的矿物，比如硫化矿和部分氧化矿物，溶解度相对来说较小。对于在矿浆中溶解度小的矿物，如石英，组成矿物的唯一阳离子是硅，故只有在浮选矿浆中加入金属阳离子活化后，才能用阴离子捕收剂浮选，矿浆温度也在一定程度上影响矿物的溶解度、捕收剂的溶解度及捕收剂离子的流动性。

矿物的溶解性能对矿物的浮选有明显的影响，王淀佐认为，矿物溶解对浮选过程的影响主要有三点：（1）矿物的溶解会引起矿浆 pH 值的变化，并且会使矿浆具有一定的 pH 值缓冲能力。有很多选矿厂在没有添加任何 pH 值调整剂的情况下，其矿浆 pH 值呈弱酸性或者弱碱性，这都是矿物溶解的结果。（2）溶解离子对矿物的浮选具有活化作用。如硫化矿 Pb—Zn、Cu—Zn 分离过程中，溶解的 Pb^{2+}、Cu^{2+} 对闪锌矿的活化作用。（3）溶解离子对矿物捕收作用的影响，包括矿物溶解离子与同名捕收剂离子在矿物表面发生竞争吸附以及与溶解的矿物阳离子与捕收剂阴离子发生沉淀反应。

因此，研究矿物的溶解性能对于比较深入地了解整个浮选矿浆体系以及药剂的选择、浮选工艺条件的控制都具有重要的意义。本小节研究了蓝晶石、黑云母以及石英的溶解度和溶解组分随 pH 值的变化，并讨论了矿物的溶解性能对矿物表面性质以及浮选的影响。

本试验在玻璃杯中研究了适合于浮选粒度的蓝晶石、石英以及黑云母的溶解性。试验条件为：固液比为 1:10，矿物重量为 40g，搅拌时间为 20min，试验结果见表 3-3。从表中可以看出，三种矿物的溶解度都很小，但对于黑云母来说，Al_2O_3/SiO_2 随 pH 值变化较小，对于蓝晶石及石英则有很大的变化，尤其在强酸性或强碱性介质中，因此可认为增强溶液的酸性或碱性将使进入矿浆的离子数量增加。在石英矿浆中出现铝离子的原因可能是石英纯矿物中含有少量的蓝晶石、黑云母，以及铝对石英所起的活化作用。石英矿浆中离子组成的另一个特点是在强酸性和强碱性介质中具有相同的铝离子浓度。

表 3-3 在不同介质中蓝晶石矿物的溶解性能

矿物名称	成 分	进入溶液量/mg·L^{-1}			
		pH = 2.5	pH = 4.0	pH = 6.0	pH = 10.0
蓝晶石	Al_2O_3	0.19	0.03	0.02	0.51
	SiO_2	0.59	0.27	0.31	0.71
	Al_2O_3/SiO_2	0.32	0.11	0.06	0.72
石 英	Al_2O_3	0.34	0.02	0.03	0.31
	SiO_2	0.37	0.28	0.3	0.69
	Al_2O_3/SiO_2	0.92	0.07	0.10	0.45
黑云母	Al_2O_3	0.89	0.44	0.3	0.42
	SiO_2	2.94	1.35	1.02	1.27
	Al_2O_3/SiO_2	0.30	0.33	0.29	0.33

氧化矿和铝硅酸样矿物在水溶液中达到平衡时，都会有一个平衡的 pH 值。平衡 pH 值的高低主要是由矿物表面水解电离过程决定的。

图 3-9 是蓝晶石、石英以及黑云母溶解平衡后矿浆 pH 值与时间的变化关系曲线。

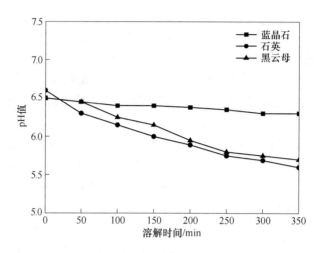

图 3-9 矿浆 pH 值与矿物溶解时间的关系

图 3-9 曲线表明，蓝晶石溶解平衡后，矿浆 pH≈6.5 时；对于石英，矿浆 pH≈5.5 时；对于黑云母，矿浆 pH≈5.7 时，其中变化可能是由于杂质引起的。因此，通过曲线可以看出蓝晶石、石英及黑云母矿物表面溶解平衡后矿浆呈弱酸性。

3.7 酸处理对矿物表面的影响

研究表明，酸处理能改变矿物的可浮性。在酸处理过程中，由于表面污染物的溶解使矿物的可浮性得到改善；对于那些捕收剂固着差的矿物，污染物的溶解将降低矿物的浮选活性，使浮选过程的选择性得到提高。

图 3-10 列出未经酸处理和经酸处理后的蓝晶石、石英和黑云母用十二胺作捕收剂的浮选指标以及药剂用量的关系。在药剂用量小于 10mg/L 时，蓝晶石的浮选指标变化较小，当药剂用量大于 10mg/L 时，经酸处理后蓝晶石浮选受到活化，但是活化程度较小。同时，石英的浮选回收率下降了，而黑云母的可浮性则基本保持不变，这主要是由于黑云母的浮选主要取决于捕收剂的起泡性质。

酸处理后矿物可浮性与介质 pH 值的关系改变情况如图 3-11 所示。从图中可以看出，在碱性条件下酸洗后蓝晶石的可浮性要略好于不经酸处理的蓝晶石。在

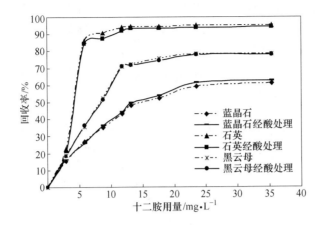

图 3-10 酸处理后十二胺用量对蓝晶石矿物可浮性的影响

pH = 6 ~ 7 之间时，石英经酸处理后的回收率降低，而黑云母的浮选回收率基本保持不变。

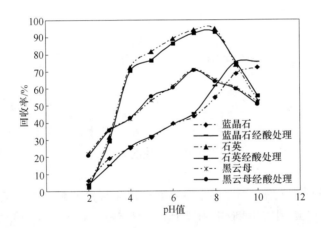

图 3-11 酸处理后介质 pH 值对蓝晶石矿物可浮性的影响（十二胺用量为：12mg/L）

总之，矿物预先用盐酸进行酸处理后能提高蓝晶石的浮选回收率，但是本书采用的是反浮选的试验研究，因此在后续试验中不需要对蓝晶石等矿物进行酸洗处理。

3.8 矿物颗粒粒度与可浮性

浮选时不但要求矿物单体解离，而且要求适宜的入选粒度。矿粒太粗，因超过起泡的浮载能力，往往浮不起来；粒度过细，磨矿费用提高。

图 3-12 是采用十二胺作为捕收剂，不同粒级的蓝晶石的可浮性关系曲线。

图 3-12 表明，随着蓝晶石试样颗粒粒度变小，颗粒的重量减轻，有利于颗粒的上浮。颗粒粒度变大，在浮选槽中不易悬浮，与气泡碰撞的几率减少，附着气泡后因脱落力大，因此在浮选过程中矿粒容易脱落，可浮性下降的较为明显，同时根据查阅相关文献以及结合现场实际矿石的磨矿细度，在后续纯矿物浮选试验中采用 0.045～0.1mm 粒级的矿样。

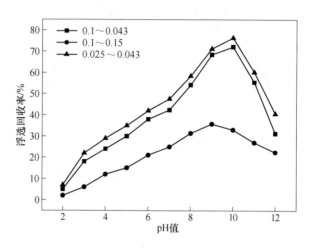

图 3-12 不同粒级的蓝晶石可浮性曲线

3.9 本章小结

本章通过 XPS、化学键计算、动电位测试，探讨了蓝晶石、黑云母以及石英矿物的晶体结构性质、表面性质以及可浮性的差异，对三者之间的关系进行了系统的研究，得出如下结论：

（1）蓝晶石破碎后在新生面上主要暴露出化合价和配位价不饱和的铝原子，这些原子能够和被吸附的捕收剂阴离子形成化学键；石英晶体破碎后，其表面暴露出氧和硅离子。硅离子在水中发生水化作用，在石英表面上只含有硅氧四面体阴离子；黑云母表面上主要是硅氧四面体阴离子。

（2）XPS 测试结果表明，蓝晶石表面存在铝原子和氧原子，石英表面存在硅原子和氧原子，黑云母表面存在硅原子、铝原子、氧原子、铁原子、钾原子和氢原子。三种矿物表面氧原子丰度相差无几，石英表面的硅原子丰度是黑云母表面硅原子丰度的 2.06 倍，是蓝晶石表面硅原子丰度的 2.56 倍。十二胺浮选体系中表面硅原子丰度的差异是导致三种矿物可浮性差异的主要原因所在。

（3）Zeta 电位测试结果表明，蓝晶石的等电点为 pH = 6.7，石英为 pH = 2.0，黑云母为 pH = 3.9。

（4）蓝晶石、石英及黑云母三种矿物的溶解度都很小，但增强溶液的酸性或碱性将使进入矿浆的离子数量增加。蓝晶石溶解平衡后，矿浆 pH 值为 6.5 左右；石英溶解平衡后，矿浆 pH 值为 5.5 左右；黑云母溶解平衡后矿浆 pH 值为 5.7 左右。

（5）矿物预先用盐酸进行酸处理后能提高蓝晶石的浮选回收率，由于本书采用的是反浮选的试验研究，因此在后续试验中不对蓝晶石等矿物进行酸洗处理。

（6）不同粒级蓝晶石的可浮性不同，在后续纯矿物浮选试验中采用 0.045 ~ 0.1mm 粒级的矿样。

4 蓝晶石、石英及黑云母矿物可浮性

上一章讨论了矿物晶体结构、表面性质之间的关系，蓝晶石、石英和黑云母晶体结构的差异导致了三种矿物表面性质之间的差异，在捕收剂以化学键力为主作用于矿物表面的浮选过程中，三种矿物表面的原子丰度差异是导致浮选行为有差别的主要原因；在捕收剂以静电力为主作用于矿物表面的浮选过程中，矿物表面的荷电性质是导致它们浮选行为有差别的主要原因。为了全面掌握三种矿物在各种不同药剂作用条件下的浮选行为，本章采用了2种阳离子捕收剂、6种金属阳离子调整剂、4种无机阴离子调整剂、4种有机调整剂，对蓝晶石、黑云母和石英进行纯矿物浮选试验，并通过纯矿物试验寻找在蓝晶石矿反浮选工艺中影响浮选分离的主要因素，为确定合理的蓝晶石矿浮选工艺条件提供依据。

4.1 捕收剂对矿物的可浮性影响

本小节对常见类型的烷基伯胺类阳离子捕收剂进行了单矿物试验。试验条件：十二胺、十八胺分别与盐酸等摩尔相配，加水溶解。使用时放入恒温水浴中加热，保持在55℃。

4.1.1 十二胺对矿物可浮性影响

浮选矿浆中，矿物溶解与药剂的解离反应，溶解组分的水解反应及与浮选剂的化学反应，决定了浮选剂与矿物表面相互作用的条件，决定了溶液整体的化学环境，即溶液化学行为支配着这些反应进行的条件及各种平衡关系，采用溶液化学计算及图解方法，研究矿物浮选剂水溶液体系中各种相互作用的平衡关系，将有利于弄清反应过程机制，讨论浮选过程作用机理。本书溶液化学计算使用的平衡常数参考文献中的数据。

十二胺是一种阳离子捕收剂，主要用于浮选石英、铝硅酸盐（绿柱石、锂辉石、长石、云母等）、磷酸盐、碳酸盐、可溶性盐类等。在酸性介质中，胺主要以 RNH_3^+ 阳离子存在，当介质 pH 值大于矿物的等电点时，矿物表面吸附介质中的 OH^- 离子，外层又吸附 H^+ 离子形成双电层，RNH_3^+ 与双电层外层的 H^+ 发生交换吸附，导致矿物上浮。

十二胺在水溶液中存在如下平衡：

溶解平衡：

$$RNH_{2(s)} \Longleftrightarrow RNH_{2(aq)} \quad S = 10^{-4.69} \text{mol/L} = 2.00 \times 10^{-5} \text{mol/L} \quad (4-1)$$

酸式解离平衡：

$$RNH_3^+ \Longleftrightarrow RNH_{2(aq)} + H^+ \quad K_a = \frac{[H^+][RNH_{2(aq)}]}{[RNH_3^+]} = 10^{-10.63} = 2.3 \times 10^{-11}$$

$$(4-2)$$

碱式解离平衡：

$$RNH_2 + H_2O \Longleftrightarrow RNH_3^+ + OH^- \quad K_b = \frac{[OH^-][RNH_3^+]}{[RNH_2]} = 10^{-3.37} = 4.3 \times 10^{-4}$$

$$(4-3)$$

离子缔合平衡：

$$2RNH_3^+ \Longleftrightarrow (RNH_3^+)_2^{2+} \quad K_d = \frac{[(RNH_3^+)_2^{2+}]}{[RNH_2^+]^2} = 10^{2.08} = 1.2 \times 10^2 \quad (4-4)$$

离子-分子缔合平衡：

$$RNH_3^+ + RNH_{2(aq)} \Longleftrightarrow (RNH_3^+ \cdot RNH_{2(aq)})$$

$$K_{im} = \frac{[RNH_3^+ \cdot RNH_{2(aq)}]}{[RNH_3^+][RNH_2]} = 10^{3.12} = 1.32 \times 10^3 \quad (4-5)$$

首先计算形成沉淀的临界 pH 值 pH_s：

$$pH_s = pK_a + \lg \frac{S}{C_T - S} \quad (4-6)$$

设 $C_T = 6.5 \times 10^{-5} \text{mol/L}$，得 $pH_s = 10.27$，同时由式（4-1）~式（4-6）计算并绘制出十二胺各组分的浓度对数图，如图 4-1 所示。

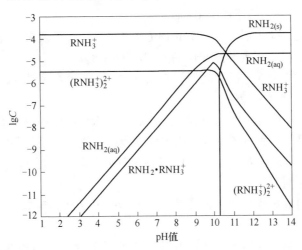

图 4-1 十二胺各组分的浓度对数图（$C_T = 6.5 \times 10^{-5} \text{mol/L}$）

由图 4-1 可知，十二胺在水溶液中以 RNH_3^+、$RNH_{2(aq)}$、$RNH_{2(s)}$、$(RNH_3^+)_2^{2+}$、$RNH_3^+ \cdot RNH_{2(aq)}$ 几种组分存在。当 pH < 10.27 时，十二胺主要是以胺离子的形式存在，随着 pH 值的增加，RNH_3^+ 和 $(RNH_3^+)_2^{2+}$ 两种组分浓度不发生变化，$RNH_{2(aq)}$ 组分浓度随着 pH 值的增加而逐渐增大；当 pH > 10.27 时，十二胺主要以胺分子的形式存在，随着 pH 值增加，$RNH_{2(aq)}$ 组分浓度不变，$RNH_{2(s)}$ 组分浓度先增加而后不变，RNH_3^+、$(RNH_3^+)_2^{2+}$、$RNH_3^+ \cdot RNH_{2(aq)}$ 三种组分浓度随着 pH 值的增大而逐渐降低。

在酸性以及偏碱性的 pH 值范围内，主要以胺离子形式存在；在强碱性条件下，主要是以胺分子的形式存在。在 pH = 10.27 时，十二胺形成的分子-离子络合物浓度最大。用十二胺浮选有色金属氧化矿时多在碱性介质中进行，因为此时有足够的 RNH_2 生成，RNH_2 中氮原子的孤对电子能与矿物表面的 Cu^{2+}、Zn^{2+}、Cd^{2+} 等一些金属阳离子共享，以共价键结合形成比较稳定的络合物，即胺分子能在这些氧化矿表面产生络合吸附，从而使矿物表面疏水易浮。

十二胺与矿物表面的相互作用，在大多数情况下，主要是依靠其阳离子 RNH_3^+ 或 $RNH_2 \cdot RNH_3^+$ 在矿物表面双电层通过静电引力吸附在荷负电的矿物表面，但是这种吸附形式不牢固，药剂容易从矿物表面脱落，因此在浮选实验中十二胺应具有足够的浓度。

另外，胺离子（RNH_3^+）与胺分子（RNH_2）之间，其非极性基易于发生相互缔合作用，并使它们易于在矿物表面产生共吸附，或形成胺分子和离子二聚体 $(RNH_2)_2H^+$ 的半胶束吸附。此时，除了静电吸附外，烃链间的范德瓦尔斯力也起着重要作用。

图 3-8 所示是以十二胺为捕收剂，蓝晶石、石英和黑云母浮选回收率与矿浆 pH 值的关系，捕收剂的用量为 10mg/L。

采用十二胺作捕收剂时，矿浆 pH 值对蓝晶石、石英及黑云母矿物可浮性影响的研究结果表明，介质最佳 pH 值范围均为 6～8。

当介质 pH 值为 6～7 之间时，蓝晶石的最高回收率为 42.56%，石英为 91.45%，黑云母为 68.32%。

从图 3-8 还可看出，当 pH 值超过 10 后，由于溶液中各种胺离子形式存在得很少，没有明显的各种分子形式的吸附和共吸附发生，于是石英的浮选回收率迅速减少，当 pH = 13 时浮选几乎停止，回收率的快速下降主要是由弱碱性的胺捕收剂的羟基化作用引起的。

十二胺的用量对蓝晶石、石英以及黑云母的可浮性影响如图 4-2 所示，矿浆 pH 值为 6.5。

试验结果表明，利用十二胺能有效地进行石英浮选，当药剂用量为 12mg/L 和更高时，矿物几乎全被回收。这是因为石英在破碎过程中，Si—O 键不同程度

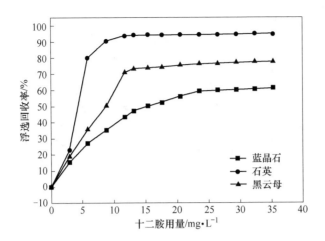

图 4-2　介质 pH = 6.5 下矿物浮选和十二胺用量的关系

断裂，使 Si^{4+} 暴露，一些金属阳离子在水溶液中溶于水，与水中的 H^+ 发生交换吸附，Si^{4+} 也能吸附 OH^-，这两种作用均使得石英具有较强的键合羟基能力，因此使用十二胺作捕收剂时，石英具有很好的可浮性。用十二胺进行黑云母浮选时发现了与石英较为相似的规律性，但药剂浮选矿物的效果较差。例如，当十二胺用量为 5mg/L 时，黑云母的回收率为 30.12%，用量为 10mg/L 时，回收率提高到 49.56%。

十二胺作为蓝晶石捕收剂，其作用效果要低于黑云母与石英，当捕收剂十二胺用量为 12mg/L 时，蓝晶石的回收率为 43.26%。

研究表明，用十二胺浮选蓝晶石矿及其伴生矿物时，矿物按可浮性大小的排列顺序是：石英 > 黑云母 > 蓝晶石。

4.1.2　十八胺对矿物可浮性影响

图 4-3 是以十八胺为捕收剂，蓝晶石、石英和黑云母浮选回收率与矿浆 pH 值的关系，捕收剂的用量为 10mg/L。

从图 4-3 可以看出，采用十八胺作捕收剂，当介质 pH 值介于 6 ~ 7 之间，蓝晶石的最高回收率为 42.48%，石英为 90.12%，黑云母为 58.23%。

十八胺的用量对蓝晶石、石英以及黑云母的可浮性影响如图 4-4 所示，矿浆 pH 值为 6.5 ~ 7.0。

试验结果表明，当捕收剂十八胺用量为 18mg/L 时，此时石英的回收率可以达到 93% 以上，黑云母的回收率在 70% 以上，蓝晶石的回收率为 50.26%。

由图 3-8、图 4-3、图 4-4 分析总结两种烷基伯胺捕收剂达到各自分离石英、黑云母以及蓝晶石的最佳用量见表 4-1。

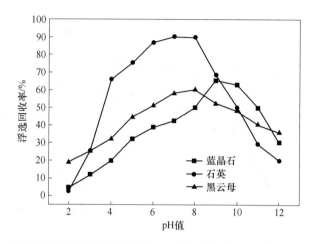

图4-3 十八胺体系下矿物浮选回收率与pH值的关系（十八胺的用量：10mg/L）

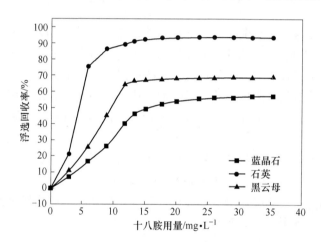

图4-4 介质pH=6.5~7.0下矿物浮选和十八胺用量的关系

表4-1 两种烷基伯胺分离石英、蓝晶石及黑云母试验结果

捕收剂	药剂用量/mg·L⁻¹	石英回收率/%	黑云母回收率/%	蓝晶石回收率/%
十二胺	12	94.07	71.01	43.26
十八胺	18	93.78	70.48	51.26

结果表明，对于石英，在pH=6~8的范围内，两种捕收剂均能很好地对其进行捕收，在强酸性以及碱性条件下对石英的捕收能力有下降的趋势；对于黑云母，在最佳的药剂用量下，回收率都在70%以上；对于蓝晶石来说，采用十二胺作捕收剂的回收率要低于十八胺作捕收剂的回收率，由于本次研究蓝晶石矿在中性条件下（pH值为6~7）的反浮选试验，在最佳药剂用量的前提下，蓝晶石

与其他两种矿物回收率的差异越大越好，因此初步采用十二胺作为蓝晶石矿反浮选的捕收剂。

同时也可看出，将石英以及黑云母浮出，将蓝晶石以槽内产品产出，需要添加一定的抑制剂为三种矿物的反浮选分离创造条件。

表 4-2 是十二胺与十八胺的碳链长度与其药剂性能的关系。同阴离子捕收剂一样，碳链的长度对胺类捕收剂性能也存在着影响。

表 4-2　碳链长度与其药剂性能的关系

脂肪胺	K_b	CMC/mol·L^{-1}	HLB	溶解度/mol·L^{-1}
十二胺	4.3×10^{-4}	7×10^{-5}	3.24	2.8×10^{-6}
十八胺	4.0×10^{-4}	1.2×10^{-6}	0.41	6.4×10^{-9}

从表 4-2 可以看出，随着碳链的增长，对胺类捕收剂的溶解度、半胶团浓度（CMC）、水油平衡度 HLB 值影响较大，这也说明随着碳链的增长，药剂的疏水能力增强，但同时也注意到，随着碳链的增长，其溶解度明显降低，为了提高药剂的溶解度，常使用较短碳链长度的胺类捕收剂，而且需要配成盐酸盐或醋酸盐。

4.1.3　十二胺与醇复合对矿物可浮性影响

试验研究表明，在十二胺、石英的浮选体系中，有十二胺分子-离子缔合物形成，缔合物达到最大量时，石英的回收效果最好。受此启发，在阳离子浮选体系中加入中性分子（比如脂肪醇类），也可以使浮选效果得到不同程度的改善，这一点在长石、钾盐等矿物的浮选分离实践中也都得到了验证。

在试验中，将十二胺与等摩尔盐酸充分反应后，呈浆糊状，然后加入所需量的醇，加水溶液。其中丁醇、辛醇是油状液体，且易挥发，所以试验前临时配制，稍微加热，振荡均匀后使用。在十二胺、醇摩尔比 1∶1 的条件下，十二胺与不同醇复合后的试验结果如图 4-5 所示。

由图 4-5 可以看出，十二胺与十二醇复合后，在低浓度下对石英浮选行为有所改善，但提高程度有限，尤其是随着药剂用量的增加，回收率反而不及单一十二胺；十二胺与短烃链醇复合后提高了石英的回收率，尤其是辛醇，可使石英的回收率提高至 98% 以上，而使用单一十二胺的回收率为 94% 左右。

同时还可以看出，十二胺与醇复合后可以大大提高蓝晶石的回收率，最高可提高 9% 以上，由于在十二胺浮选体系中对蓝晶石的浮选采用的是反浮选工艺流程，因此蓝晶石回收率的大幅度提高对后续的浮选是不利的，因此选用十二胺与醇复合是不太合适的。

综上所述，以十二胺为捕收剂，pH = 6.5 时，石英、黑云母和蓝晶石存在一定的浮游性差异，但是三者可浮性差异较小，若不加调整剂很难实现蓝晶石与其他矿物之间的浮选分离。

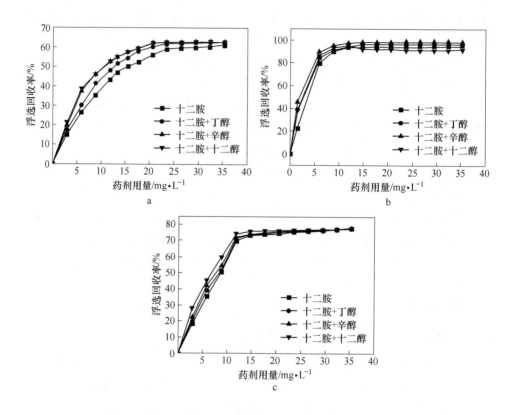

图 4-5 胺与不同醇 1∶1 复合用量对矿物浮选回收率的影响

a—蓝晶石；b—石英；c—黑云母

4.2 多价金属阳离子对矿物可浮性影响

正如上节所述，对于表面纯净的蓝晶石、石英及黑云母矿物而言，在无活化剂及抑制剂的作用下，在阳离子捕收剂浮选体系中，三种矿物的可浮性存在一定的差异，以静电力吸附为主的阳离子捕收剂对三种矿物均具有很高的捕收能力，尽管适当调整阳离子捕收剂的用量可以实现一两种特定矿物的浮选分离，但分离的选择性极其有限。在工业浮选的实际条件下，硅酸盐矿物表面不可能保持纯净状态：或在成矿条件下由于区域化学因素的影响，或在湿式磨矿过程中由于受到铁或外来金属阳离子的作用，因此原本纯净的矿物表面不可避免地遭受铁或其他金属阳离子的外来污染。

此外，在工业浮选过程中，矿浆中总会存在一些难免离子，包括某些金属离子或无机阴离子，有时甚至还有有机离子。在生产条件下矿物的可浮性可因下列条件因素而改变，如矿浆中所含的各种离子和胶体分散颗粒、矿物的可溶性和一些其他相关因素。因此，在研究中就必须考虑这些因素对矿物浮选行为的影响。

金属离子可以通过物理或化学吸附于矿物表面，形成或增加矿物表面与捕收剂作用的活性中心，通过这些多价金属阳离子的"活化桥梁"作用使矿物可浮性提高，从而活化矿物的浮选。有些金属离子与目的矿物竞争吸附浮选药剂或与药剂发生反应，既消耗药剂，又阻碍目的矿物上浮，对矿物浮选起到了抑制作用。总之，金属离子对矿物浮选有着多种多样的作用，其机理也是十分复杂。研究金属离子组分对蓝晶石、石英与黑云母矿物的浮选行为影响及其作用机理，可以更好地控制浮选过程，提高浮选精矿质量。

同时刘方博士的研究表明，金属阳离子与捕收剂添加顺序的不同对硅酸盐矿物浮选的影响也不同，进而影响矿物分选的选择性。本节系统地研究了 Ca^{2+}、Mg^{2+}、Pb^{2+}、Cu^{2+}、Al^{3+}、Fe^{3+} 金属阳离子与十二胺不同添加顺序对硅酸盐矿物浮选的影响。

4.2.1 二价金属离子对矿物可浮性影响

4.2.1.1 Ca^{2+} 对蓝晶石矿物浮选的影响

十二胺作为捕收剂时，$CaCl_2$ 与十二胺不同添加顺序对蓝晶石矿物浮选的影响如图 4-6 所示。

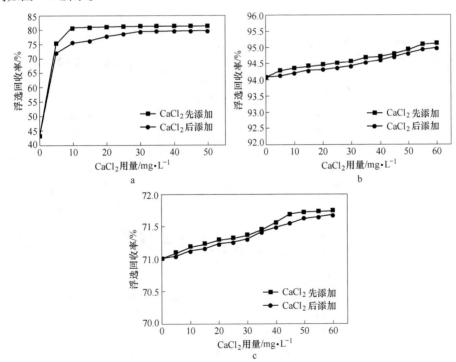

图 4-6 $CaCl_2$ 添加顺序对蓝晶石矿物浮选的影响

a—蓝晶石；b—石英；c—黑云母

从 Ca^{2+} 和十二胺添加顺序对蓝晶石和石英可浮性的影响试验结果图 4-6 中可知：

无论先加 $CaCl_2$ 还是十二胺，随着 $CaCl_2$ 用量增加，蓝晶石的回收率均快速增加，当 $CaCl_2$ 用量为 10mg/L 时，此时先添加 $CaCl_2$ 蓝晶石的回收率达到 80.87%，而后添加 $CaCl_2$ 时蓝晶石的回收率达到 75.48%；当 $CaCl_2$ 用量大于 10mg/L 后，回收率没有较大幅度的变化。

无论先加 $CaCl_2$ 还是十二胺，随着 $CaCl_2$ 用量增加，石英的回收率变化程度较小，但是都是略有增加，同时先添加 $CaCl_2$ 比先添加十二胺石英的回收率要略高，说明 $CaCl_2$ 的添加对石英起到微弱的活化作用。

对黑云母来说，同样也是起到轻微的活化作用，分析其原因主要是由于随着 Ca^{2+} 用量的增加，钙和胺在黑云母的表面形成 $Ca_n(RNH_2)_m^{2n-}$ 型络合物，导致钙和胺的吸附量有所增加。同时，从图中也可看出，先添加 $CaCl_2$ 还是先添加十二胺，对黑云母的浮选回收率影响较小。

4.2.1.2 Mg^{2+} 对蓝晶石矿物浮选的影响

十二胺作为捕收剂时，$MgCl_2$ 与十二胺不同添加顺序对蓝晶石矿物浮选的影响如图 4-7 所示。

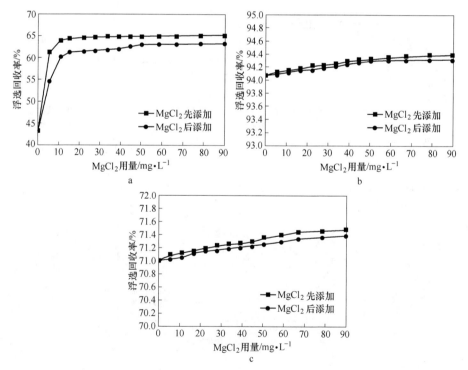

图 4-7 $MgCl_2$ 添加顺序对蓝晶石矿物浮选的影响

a—蓝晶石；b—石英；c—黑云母

从图 4-7 中可知，Mg^{2+} 对蓝晶石矿物的影响与 Ca^{2+} 相似，只是在相同药剂用量时，Mg^{2+} 对蓝晶石的活化作用程度要低于 Ca^{2+} 对蓝晶石的活化作用，对石英以及黑云母均是轻微的活化。

从图 4-6 和图 4-7 可以看出，硬盐在整个考察的浓度范围内尽管对各种矿物的作用不同，但都可使蓝晶石、石英及黑云母活化，只是活化的程度不同。蓝晶石的可浮性随矿浆中盐的浓度增加而提高，当较高浓度时可浮性提高程度逐渐减小。由于研究中采用的是反浮选工艺流程，因此在高硬度的水中，由于 Ca^{2+}、Mg^{2+} 对蓝晶石的较强活化作用，浮选的选择性会受到破坏。

4.2.1.3　Pb^{2+} 对蓝晶石矿物浮选的影响

十二胺作为捕收剂时，$Pb(NO_3)_2$ 与十二胺不同添加顺序对蓝晶石矿物浮选的影响如图 4-8 所示。

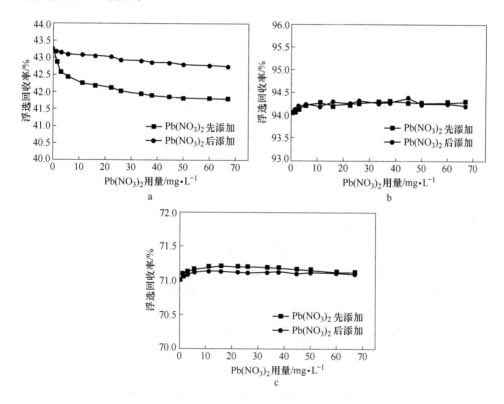

图 4-8　$Pb(NO_3)_2$ 添加顺序对蓝晶石矿物浮选的影响

a—蓝晶石；b—石英；c—黑云母

从 Pb^{2+} 和十二胺添加顺序对蓝晶石和石英可浮性的影响试验结果图 4-8 中可知：

（1）$Pb(NO_3)_2$ 与十二胺添加顺序的不同对石英以及黑云母浮选基本没有

影响。

（2）Pb(NO$_3$)$_2$在十二胺之前添加对蓝晶石浮选有一定程度的抑制作用，随着 Pb(NO$_3$)$_2$用量的增加，蓝晶石浮选的回收率降低，当 Pb(NO$_3$)$_2$的用量由 0 增至 30mg/L 时，蓝晶石浮选回收率由 43.26% 降低至 42.03%，之后随着 Pb(NO$_3$)$_2$用量的继续增加，蓝晶石的回收率基本不变；Pb(NO$_3$)$_2$在十二胺之后添加对蓝晶石浮选也有一定的抑制作用；Pb(NO$_3$)$_2$在十二胺之前添加对蓝晶石浮选的抑制作用强于在十二胺之后添加对浮选的抑制作用。

4.2.1.4 Cu^{2+}对蓝晶石矿物浮选的影响

十二胺作为捕收剂时，CuSO$_4$与十二胺不同添加顺序对蓝晶石矿物浮选的影响如图 4-9 所示。

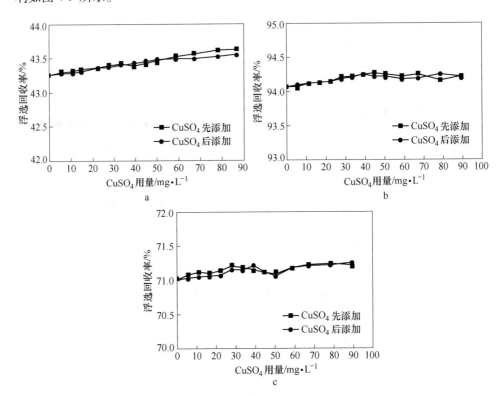

图 4-9 CuSO$_4$添加顺序对蓝晶石矿物浮选的影响

a—蓝晶石；b—石英；c—黑云母

从图 4-9 中可知：CuSO$_4$的添加对蓝晶石起到微弱的活化作用，但是与十二胺的添加顺序对蓝晶石没有影响，当 CuSO$_4$的药剂用量由 0 增加至 90mg/L 时，蓝晶石的浮选回收率由43.26%提高至43.51%，活化作用不明显。

同时还可以看出，CuSO$_4$与十二胺添加顺序的不同对石英以及黑云母这两种矿物的浮选基本没有影响。

4.2.2 三价金属离子对矿物可浮性影响

4.2.2.1 Fe^{3+}对蓝晶石矿物浮选的影响

十二胺作为捕收剂时，$FeCl_3$与十二胺不同添加顺序对蓝晶石矿物浮选的影响如图4-10所示。

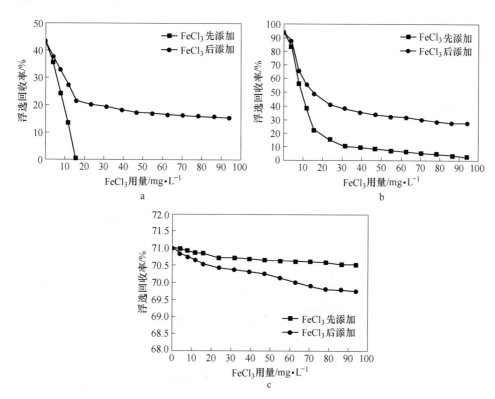

图4-10 $FeCl_3$添加顺序对蓝晶石矿物浮选的影响

a—蓝晶石；b—石英；c—黑云母

从 Fe^{3+} 和十二胺添加顺序对蓝晶石和石英可浮性的影响试验结果图4-10中可知：

先加 $FeCl_3$ 再加十二胺，对蓝晶石有明显的抑制作用，在 $FeCl_3$ 用量为16mg/L 时，蓝晶石浮选回收率迅速降低至0。而先加十二胺后加 $FeCl_3$，在氯化铁用量小于20mg/L时蓝晶石的回收率曲线下降较为迅速，说明抑制作用较明显；当 $FeCl_3$ 用量大于20mg/L后，曲线下降较得较为缓慢，回收率没有发生较大程度的变化。

无论先添加 $FeCl_3$ 还是十二胺，石英的浮选回收率都有明显的下降，只是先添加 FeCl$_3$ 后添加十二胺的回收率下降更快；当 FeCl$_3$ 用量为 20mg/L 时先添加 FeCl$_3$ 和后添加 FeCl$_3$ 的石英回收率分别为 17.45% 和 48.21% ；在 FeCl$_3$ 用量大于 30mg/L 后，无论先添加 FeCl$_3$ 还是后添加 FeCl$_3$，石英的回收率曲线都下降得比较缓慢。

先添加 FeCl$_3$ 对黑云母浮选的回收率基本没有影响，后添加 FeCl$_3$ 对黑云母有着微弱的抑制作用，但效果也不十分明显。

4.2.2.2 Al^{3+} 对蓝晶石矿物浮选的影响

十二胺作为捕收剂时，AlCl$_3$ 与十二胺不同添加顺序对蓝晶石矿物浮选的影响如图 4-11 所示。

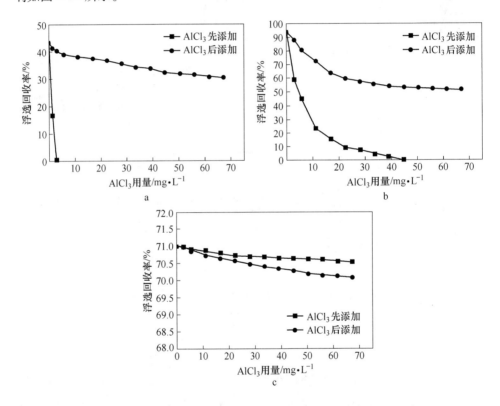

图 4-11　AlCl$_3$ 添加顺序对蓝晶石矿物浮选的影响

a—蓝晶石；b—石英；c—黑云母

从 Al^{3+} 和十二胺添加顺序对蓝晶石和石英可浮性的影响试验结果图 4-11 中可知：

先加 AlCl$_3$ 再加十二胺，对蓝晶石有明显的抑制作用，当 AlCl$_3$ 用量仅为 4mg/L 时，蓝晶石浮选回收率迅速降低至 0。而先加十二胺后加 AlCl$_3$ 时，蓝晶石的回收率曲线下降较为缓慢，说明抑制作用不明显。

对石英来说，无论先添加 $AlCl_3$ 还是十二胺，石英的浮选回收率都有明显的下降，只是先添加 $AlCl_3$ 后添加十二胺的回收率下降更快。当 $AlCl_3$ 用量大于 $25mg/L$ 后，无论先添加 $AlCl_3$ 还是后添加 $AlCl_3$，石英的回收率曲线都下降得比较缓慢。

对黑云母来说，先添加 $AlCl_3$ 对黑云母浮选的回收率基本没有影响，后添加 $AlCl_3$ 对黑云母有着微弱的抑制作用，但效果也不十分明显。

对于三价金属（Al^{3+} 和 Fe^{3+}）盐类，矿物浮选的抑制作用随着矿浆中盐类浓度的增加而变强，在低浓度时对蓝晶石就起到了很强的抑制作用。显然这是因为盐的浓度提高时在矿物表面上生成的 $Fe(OH)_{3(s)}$ 和 $Al(OH)_{3(s)}$ 导致捕收剂的吸附量降低，使矿物的浮选得到抑制。在低浓度条件下可看出铁盐和铝盐对三种矿物均有不同程度的抑制作用，对矿物的抑制没有选择性，这一点在图中特别明显。例如，在浮选蓝晶石且先加入 $AlCl_3$ 时，在盐的浓度为 $4mg/L$ 时，蓝晶石的回收率由 43.26% 降低至 0%，石英的回收率由 94.07% 降低至 56.40%，黑云母的回收率从 71.01% 降低至 70.85%。

为了讨论和对比方便，在作用效果最佳的条件下与不加金属离子数据进行对比，将浮选药剂对矿物浮选的影响分为：强抑制（回收率下降大于50%）、抑制（回收率下降大于20%）、弱抑制（回收率下降大于5%）、无（回收率波动在5%以内）、弱活化（回收率增加大于5%）、活化（回收率增加大于20%）、强活化（回收率增加大于50%）。

以十二胺作为捕收剂，金属阳离子与十二胺不同添加顺序对蓝晶石、石英以及黑云母的影响见表4-3（表格中的效果对比为金属离子在捕收剂之前和之后添加对矿物浮选同为活化作用或同为抑制作用时，调整剂在捕收剂之前添加对矿物浮选的效果与捕收剂之后添加的对矿物浮选的效果对比）。

表4-3 十二胺作捕收剂时金属阳离子对蓝晶石矿物浮选的影响

试验纯矿物名称		蓝晶石	石 英	黑云母
CaCl$_2$	先添加	强活化	无	无
	后添加	强活化	无	无
	效果对比	好		
MgCl$_2$	先添加	强活化	无	无
	后添加	强活化	无	无
	效果对比	好		
Pb(NO$_3$)$_2$	先添加	弱抑制	无	无
	后添加	弱抑制	无	无
	效果对比	弱		

试验纯矿物名称		蓝晶石	石 英	黑云母
$CuSO_4$	先添加	无	无	无
	后添加	无	无	无
	效果对比			
$FeCl_3$	先添加	强抑制	强抑制	无
	后添加	强抑制	强抑制	无
	效果对比	好	好	
$AlCl_3$	先添加	强抑制	强抑制	无
	后添加	强抑制	强抑制	无
	效果对比	好	好	

从表4-3中可以得出如下结论：

（1）Ca^{2+} 与 Mg^{2+} 与十二胺不同添加顺序除了对蓝晶石浮选的影响不同外，对石英及黑云没有基本没有影响，同时对蓝晶石起到活化作用；Pb^{2+} 与 Cu^{2+} 与十二胺的添加顺序对三种矿物浮选影响不大。

（2）Fe^{3+} 与 Al^{3+} 与十二胺添加顺序不同对黑云母影响不大，但是对蓝晶石与石英均起到强抑制作用。

（3）Al^{3+} 在十二胺之前添加，用量为 4mg/L 时可以实现蓝晶石与石英、黑云母的浮选分离。

4.3 无机阴离子调整剂对矿物可浮性影响

无机阴离子调整剂在浮选中常作为抑制剂使用。对矿物浮选的主要作用有：（1）在矿物表面形成亲水性化合物薄膜、离子吸附膜等，使矿物表面亲水或削弱对捕收剂的吸附特性，从而起抑制作用；（2）溶去矿物表面由捕收剂所形成的疏水性盖膜，使捕收剂从矿物表面解吸，或者与捕收剂在矿物表面竞争吸附，当无机阴离子调整剂吸附强度及浓度足够时，使捕收剂解吸，在矿物表面形成调整剂的亲水性薄膜；（3）增加或减少矿物表面的捕收剂吸附活性点；（4）改变矿浆中的离子、分子组成。

无机阴离子调整剂的阴离子在硅酸盐矿物表面有多种吸附形式，弱酸或强酸根阴离子主要在矿物表面发生静电吸附；硅酸根、磷酸根等离子除了与矿物表面发生静电吸附作用外，更主要的是它们能通过化学键力与矿物表面金属阳离子发生键合，导致化学吸附或表面反应；多价无机阴离子易吸附于矿物表面双电层中的内赫姆霍兹面，发生特性吸附；含有 O、N、F、Cl 等大电负性原子的无机酸根能与矿物表面羟基以氢键键合，而使之吸附于矿物表面之上。

通过对多价金属阳离子对矿物浮选的影响研究可以看出，为了造成蓝晶石、石英以及黑云母分离的有利条件,应尽量避免一些金属离子,特别是 Ca^{2+} 及 Mg^{2+} 进入浮选系统。但是,浮选前要将 Ca^{2+} 和 Mg^{2+} 完全排除是不可能的。为了寻找在介质中存在 Ca^{2+}、Mg^{2+}、Al^{3+}、Fe^{3+} 等离子条件下分离蓝晶石的有利条件,考察了在含 Ca^{2+}、Mg^{2+}、Al^{3+}、Fe^{3+} 均为 5mg/L 的蒸馏水中,用十二胺(用量为 12mg/L)作为捕收剂时,无机阴离子调整剂及其添加顺序的改变对蓝晶石、石英及黑云母三种矿物浮选的影响。

4.3.1 氟化钠对矿物可浮性影响

氟化钠是矿物浮选中广泛使用的调整剂,尽管氟化物在浮选中的使用对环境造成了一定的影响,已经逐渐限制了它们在生产中的使用,但实践证明氟化物在硅酸盐矿物的浮选中对提高某些矿物分离的选择性十分有效,如何解决应用效果与环境之间的矛盾需作更深一步的探讨。

十二胺作为捕收剂时,NaF 对蓝晶石矿物浮选的影响如图 4-12 所示。

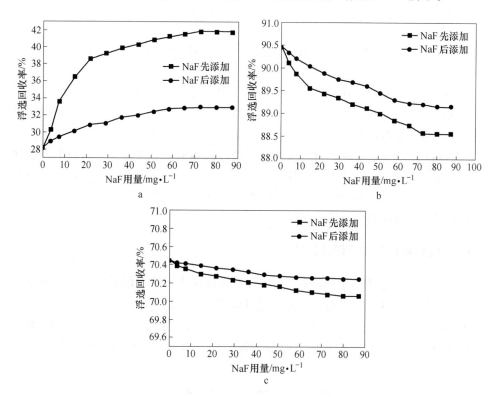

图 4-12 NaF 添加顺序对蓝晶石矿物浮选的影响

a—蓝晶石;b—石英;c—黑云母

由图 4-12 可知:NaF 对黑云母有轻微的抑制作用,这种抑制作用在 NaF 用量很小时就存在，且 NaF 与十二胺的添加顺序对黑云母基本没有影响。

NaF 对石英有着一定的抑制作用，当 NaF 用量为 70mg/L 时，石英的回收率从 90.47% 降低至 88.50%，NaF 与十二胺的添加顺序对石英的浮选回收率稍微有些影响，但影响不大。

NaF 对蓝晶石的活化作用不仅与 NaF 的浓度有密切关系，而且与添加顺序也有关系，对蓝晶石有明显的活化作用，并且 NaF 先添加对蓝晶石的活化作用更为明显。当 NaF 用量为 30mg/L 时，蓝晶石的回收率从 28.13% 增加至 40.32%，之后随 NaF 用量的增加蓝晶石的回收率基本上不再变化。分析其原因主要是氟化物能与蓝晶石矿物表面的 Al 离子络合形成荷电的氟化铝络合物区域，阳离子捕收剂十二胺可以吸附在这些区域上，同时氟络合矿物表面的铝并溶解表面组分，产生特性吸附，进一步促进阳离子捕收剂的吸附，因此 NaF 对蓝晶石起到活化作用。

$$Al\!\!-\!\!OH(表面) + 2HF(水) \longrightarrow \quad Al\!\!-\!\!F_2^-\,|\,H^+(表面) + H_2O$$

$$Al\!\!-\!\!F_2^-\,|\,H^+(表面) + RNH_3^+(水) \longrightarrow \quad Al\!\!-\!\!F_2^-\,|\,RNH_3^+(表面) + H^+$$

同时，由于氟化物还可以侵蚀硅酸盐矿物的表面，生成大量的 SiF_6^{2-}，该离子可以吸附在由于氟化物侵蚀而暴露的表面铝区域上，促进十二胺捕收剂的吸附，也会对蓝晶石起到活化作用。

Warrenhe 和 Kitchner 通过试验证实了胺浮选体系中矿物表面上荷负电的氟化铝络合物的生成是氟化物起活化作用的原因。在 pH=3 的条件下，测定了微斜长石的 Zeta 电位，发现随着 F⁻浓度的增加，电位稍微变负，认为这是由于氟化物浸入到铝硅酸盐晶格中的缘故。

4.3.2 硅酸钠对矿物可浮性影响

水玻璃以 Na_2SiO_3 为主要成分，是一种无机胶体，是浮选非硫化矿或某些硫化矿常用的调整剂，它对石英、硅酸盐等脉石矿物有良好的抑制作用，当用脂肪酸作为捕收剂，浮选萤石和方解石、白钨矿时，常用水玻璃作为选择性抑制剂。水玻璃的用量较大时，对硫化矿也有抑制作用，水玻璃对矿泥也有良好的分散作用。

Na_2SiO_3 是一种强碱弱酸盐，在水溶液中极易发生强烈的水解反应，Na_2SiO_3 在水溶液中存在如下平衡：

$$SiO_{2(s)} + 2H_2O \Longrightarrow Si(OH)_{4(aq)}$$

$$K_{s0} = 10^{-2.7} = 2.00 \times 10^{-4} \tag{4-7}$$

$$SiO_2(OH)_2^{2-} + H^+ \rightleftharpoons SiO(OH)_3^-$$

$$K_1^H = \frac{[SiO(OH)_3^-]}{[SiO_2(OH)_2^{2-}][H^+]} = 10^{12.56} = 3.63 \times 10^{12} \quad (4-8)$$

$$SiO(OH)_3^- + H^+ \rightleftharpoons Si(OH)_4$$

$$K_2^H = \frac{[Si(OH)_4]}{[SiO(OH)_3^-][H^+]} = 10^{9.43} = 2.69 \times 10^9 \quad (4-9)$$

$$C_T = [SiO(OH)_3^-] + [Si(OH)_4] + [SiO_2(OH)_2^{2-}]$$

$$\phi_0 = \frac{[Si(OH)_4]}{[C_T]} = \frac{1}{1 + K_1^H[H^+] + K_1^H K_2^H[H^+]^2} = \frac{1}{1 + 10^{12.56}[H^+] + 10^{19.99}[H^+]^2}$$

$$(4-10)$$

$$\phi_1 = \frac{[SiO(OH)_3^-]}{[C_T]} = K_1^H \phi_0[H^+] = 10^{12.56}\phi_0[H^+] \quad (4-11)$$

$$\phi_2 = \frac{[SiO_2(OH)_2^{2-}]}{[C_T]} = K_1^H K_2^H \phi_0[H^+]^2 = 10^{19.99}\phi_0[H^+]^2 \quad (4-12)$$

由式（4-7）~式（4-12）可以计算出 Na_2SiO_3 溶液中各水解组分的分布系数 ϕ 与 pH 值的关系，如图 4-13 所示。从图 4-13 中可以看出，当 pH < 9.4 时，$Si(OH)_4$ 是优势组分；当 9.4 < pH < 12.6 时，$SiO(OH)_3^-$ 占优势；当 pH > 12.6 时，$SiO_2(OH)_2^{2-}$ 占优势。因此在 pH = 6 ~ 7 时，$Si(OH)_4$ 是主要的作用成分。

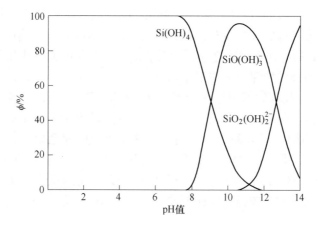

图 4-13 Na_2SiO_3 溶液中各水解组分的 ϕ-pH 图

十二胺作为捕收剂时，Na_2SiO_3 对蓝晶石矿物浮选的影响如图 4-14 所示。

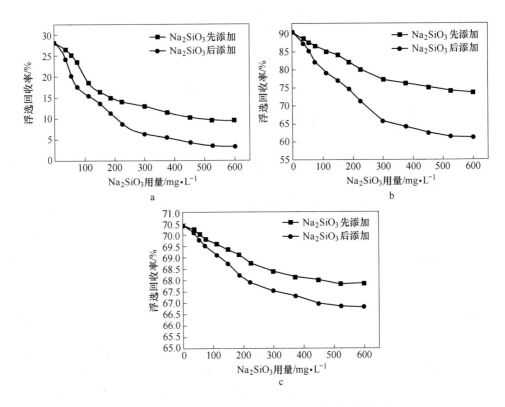

图 4-14 Na₂SiO₃ 添加顺序对蓝晶石矿物浮选的影响

a—蓝晶石；b—石英；c—黑云母

十二胺作为捕收剂时，Na₂SiO₃ 的添加对蓝晶石、石英及黑云母均有一定的抑制作用，对黑云母的抑制较弱，影响不大，但对蓝晶石及石英矿物的抑制作用较强，并且 Na₂SiO₃ 在十二胺之前添加对蓝晶石、石英的抑制作用均弱于在十二胺之后添加对两种矿物浮选的抑制作用。

Na₂SiO₃ 对蓝晶石的抑制作用与 Na₂SiO₃ 的浓度有关系，随着抑制剂的浓度增大，蓝晶石的回收率逐渐降低，当 Na₂SiO₃ 的用量为 450mg/L 时，蓝晶石的回收率由 28% 左右降低至 4.35%，说明水玻璃在十二胺体系中对蓝晶石起到了较强的抑制作用，但是 Na₂SiO₃ 用量很大。当 Na₂SiO₃ 的用量为 450mg/L 时，此时石英的回收率为 63% 左右，石英的回收率也较大幅度降低。由于水玻璃对蓝晶石及石英的抑制作用都较强，因此不能选择 Na₂SiO₃ 作为三种矿物分离的选择性抑制剂。

Na₂SiO₃ 对矿物的抑制作用主要是带负电的硅酸胶粒以及 SiO(OH)$_3^-$ 在矿物表面吸附后，使矿物表面强烈亲水。胶态硅酸和 SiO(OH)$_3^-$ 与硅酸盐矿物具有相同的酸根，因此也比较容易吸附在硅酸盐矿物表面，且吸附牢固。同时 Na₂SiO₃

的抑制作用是由于 $SiO(OH)_3^-$ 和胶体硅酸被水分子强烈水化的结果。这些水化物固着到矿物表面，提高了矿粒周围水化层的稳定性，并妨碍捕收剂的固着或排挤已固着的捕收剂，从而决定了矿粒表面总的水化作用加大，也决定了矿粒与气泡接近时，界面水化间层的稳固性，而使附着强烈地减慢或停止。

4.3.3 六偏磷酸钠对矿物可浮性影响

六偏磷酸钠($(NaPO_3)_6$)，不是一种简单的化合物，而是一种多磷酸盐。在水溶液中各基本结构单元相互聚合连成螺旋状的链状聚合体，可表示为$(NaPO_3)_n$，$n = 20 \sim 100$。六偏磷酸钠在水溶液中可电离成阴离子，有很强的作用活性，其中比较突出的是能与溶液中的 Ca^{2+} 或矿物表面晶格中的 Ca^{2+} 反应生成稳定的络合物。

六偏磷酸钠经常作为硅酸盐矿物浮选的调整剂，主要用于抑制石英和硅酸盐矿物，以及方解石、石灰石等碳酸盐矿物，也可以在选择性絮凝浮选时用作分散剂。

$(NaPO_3)_6$ 易溶于水并发生如下反应：

水解反应 $\qquad (NaPO_3)_6 + 6H_2O \Longrightarrow 6NaOH + 6HPO_3$

偏磷酸水解成正磷酸 $\quad HPO_3 + H_2O \Longrightarrow H_3PO_4$

正磷酸分布解离：

$$PO_4^{3-} + H^+ \Longrightarrow HPO_4^{2-}, \qquad K_1^H = \frac{[HPO_4^{2-}]}{[PO_4^{3-}][H^+]} = 10^{12.35} \qquad (4-13)$$

$$HPO_4^{2-} + H^+ \Longrightarrow H_2PO_4^-, \qquad K_2^H = \frac{[H_2PO_4^-]}{[HPO_4^{2-}][H^+]} = 10^{7.2} \qquad (4-14)$$

$$H_2PO_4^- + H^+ \Longrightarrow H_3PO_4, \qquad K_3^H = \frac{[H_3PO_4]}{[H_2PO_4^-][H^+]} = 10^{2.15} \qquad (4-15)$$

$$C_T = [H_3PO_4] + [H_2PO_4^-] + [HPO_4^{2-}] + [PO_4^{3-}] \qquad (4-16)$$

$$\phi_0 = \frac{[PO_4^{3-}]}{[C_T]} = \frac{1}{1 + K_1^H[H^+] + K_1^H K_2^H[H^+]^2 + K_1^H K_2^H K_3^H[H^+]^3}$$

$$= \frac{1}{1 + 10^{12.35}[H^+] + 10^{19.55}[H^+]^2 + 10^{21.7}[H^+]^3} \qquad (4-17)$$

$$\phi_1 = \frac{[HPO_4^{2-}]}{[C_T]} = K_1^H \phi_0[H^+] = 10^{12.35}\phi_0[H^+] \qquad (4-18)$$

$$\phi_2 = \frac{[H_2PO_4^-]}{[C_T]} = K_1^H K_2^H \phi_0[H^+]^2 = 10^{19.55}\phi_0[H^+]^2 \qquad (4-19)$$

$$\phi_3 = \frac{[H_3PO_4]}{[C_T]} = K_1^H K_2^H K_3^H \phi_0 [H^+]^3 = 10^{21.7} \phi_0 [H^+]^3 \tag{4-20}$$

本书作者通过计算，由以上式（4-13）~式（4-20）平衡得出（NaPO$_3$）$_6$各水解组分的分布系数 ϕ 与 pH 值的关系曲线，如图 4-15 所示。

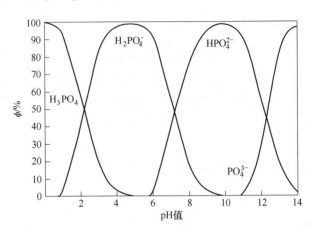

图 4-15　（NaPO$_3$）$_6$溶液中各水解组分的 ϕ-pH 图

由图 4-15 可见，当 pH < 2.2 时，H$_3$PO$_4$ 是优势组分；当 2.2 < pH < 7.2 时，H$_2$PO$_4^-$ 占优势组分；当 7.2 < pH < 12.4 时，HPO$_4^{2-}$ 是优势组分；当 pH > 12.4 时，PO$_4^{3-}$ 占优势。

十二胺为捕收剂时，（NaPO$_3$）$_6$对蓝晶石矿物浮选的影响如图 4-16 所示。从图 4-16 可以看出，（NaPO$_3$）$_6$的添加对三种矿物均有较好的抑制作用，且对石英的抑制作用最强，黑云母最弱。（NaPO$_3$）$_6$在十二胺之后添加对蓝晶石的抑制作用要强于在十二胺之前添加。当（NaPO$_3$）$_6$的用量为 45mg/L 时，蓝晶石的回收率从 28% 左右降低至 3.25%。

对石英纯矿物来说，在药剂用量较小的情况下，（NaPO$_3$）$_6$与十二胺的添加顺序对矿物的浮选基本没有影响，但随着药剂用量的加大，石英的回收率急剧降低，当（NaPO$_3$）$_6$的用量为 45mg/L 时，（NaPO$_3$）$_6$在十二胺之后添加对石英的抑制作用更强一些，此时石英的回收率降低至 0。

在本书浮选试验的 pH 值范围内，（NaPO$_3$）$_6$主要以 HPO$_4^{2-}$ 和 H$_2$PO$_4^-$ 组分存在，十二胺作为捕收剂时，对石英以及黑云母的抑制作用主要是由于荷负电的磷酸根离子在矿物表面发生了吸附，这种亲水的磷酸胶体吸附在矿物表面，将对捕收剂的吸附起阻碍作用，达到了抑制的效果。对蓝晶石的抑制作用主要是由于电离出的磷酸根阴离子与蓝晶石表面暴露的 Al^{3+} 离子可以生成难溶盐，继而转化为稳定的可溶性络合物，使矿物表面的活性点溶解于矿浆中，捕收剂因无吸附点而

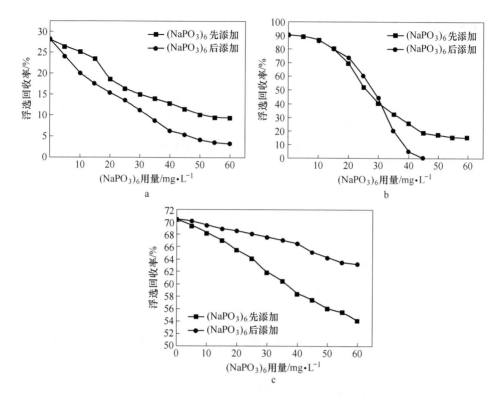

图 4-16　（$NaPO_3$）$_6$ 添加顺序对蓝晶石矿物浮选的影响

a—蓝晶石；b—石英；c—黑云母

达到抑制效果。刘方在研究中也证实了此观点，他认为（$NaPO_3$）$_6$ 可以与 Ca^{2+}、Mg^{2+}、Fe^{3+} 等反应生成亲水而稳定的络合物，使它能对晶格中含有这些金属阳离子的矿物产生抑制作用。

刘亚川对石英纯矿物进行研究，在矿浆中预先加入（$NaPO_3$）$_6$ 作用后，再加入十二胺，进行了十二胺吸附量的测定。结果表明，（$NaPO_3$）$_6$ 在石英表面的预先吸附使十二胺吸附量大大下降，当（$NaPO_3$）$_6$ 用量达到一定值（4.0mmol/L）后，可以完全阻止十二胺的吸附，抑制石英的浮选。

同时在十二胺浮选体系中，（$NaPO_3$）$_6$ 对矿物表面吸附的捕收剂有解吸作用，所以在十二胺之后加（$NaPO_3$）$_6$ 也能对矿物产生抑制作用。同时对比图 4-16 可以看出，在捕收剂之后加入（$NaPO_3$）$_6$ 所产生的抑制作用强于在捕收剂之前加入（$NaPO_3$）$_6$。

由于（$NaPO_3$）$_6$ 的加入对蓝晶石、石英、黑云母均有较强的抑制作用，尤其是石英，因此（$NaPO_3$）$_6$ 作为调整剂很难实现三种矿物有效的浮选分离。

4.3.4 硫化钠对矿物可浮性影响

Na$_2$S 是一种重要的化工产品，广泛应用于有色金属的选矿和冶金中。Na$_2$S 水溶液中含有 S^{2-}、HS$^-$、OH$^-$、Na$^+$ 及 H$_2$S 分子等，其中 HS$^-$ 及 S^{2-} 离子是 Na$_2$S 用作抑制剂的有效成分，但它们在水溶液中的浓度又与溶液的 pH 值有关。

Na$_2$S 属于强碱弱酸盐，易溶解于水，在水溶液中发生分步水解反应：

$$Na_2S + H_2O \rightleftharpoons HS^- + NaOH + Na^+$$

$$HS^- + H_2O \rightleftharpoons H_2S + OH^-$$

H$_2$S 为二元酸，在水溶液中分步解离如下：

$$S^{2-} + H^+ \rightleftharpoons HS^-, \qquad K_1^H = \frac{[HS^-]}{[S^{2-}][H^+]} = 10^{13.9} \tag{4-21}$$

$$HS^- + H^+ \rightleftharpoons H_2S, \qquad K_2^H = \frac{[H_2S]}{[HS^-][H^+]} = 10^{7.02} \tag{4-22}$$

$$C_T = [S^{2-}] + [HS^-] + [H_2S] \tag{4-23}$$

$$\phi_0 = \frac{[S^{2-}]}{[C_T]} = \frac{1}{1 + K_1^H[H^+] + K_1^H K_2^H[H^+]^2} = \frac{1}{1 + 10^{13.9}[H^+] + 10^{20.92}[H^+]^2} \tag{4-24}$$

$$\phi_1 = \frac{[HS^-]}{[C_T]} = K_1^H \phi_0 [H^+] = 10^{13.90} \phi_0 [H^+] \tag{4-25}$$

$$\phi_2 = \frac{[H_2S]}{[C_T]} = K_1^H K_2^H \phi_0 [H^+]^2 = 10^{20.92} \phi_0 [H^+]^2 \tag{4-26}$$

本书作者通过计算，由式（4-21）~式（4-26）绘出 Na$_2$S 溶液中各水解组分的分布系数 ϕ 与 pH 值的关系曲线，如图 4-17 所示。

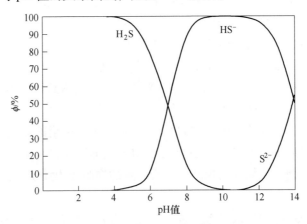

图 4-17 Na$_2$S 溶液中各水解组分的 ϕ -pH 图

由图4-17可见，在pH<7.0时，H_2S占优势组分；7.0<pH<13.9时，HS^-为优势组分；当pH>13.9时，S^{2-}为优势组分。

十二胺为捕收剂时，Na_2S对蓝晶石矿物浮选的影响如图4-18所示。

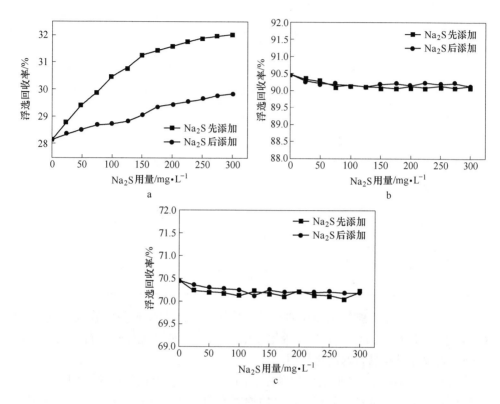

图4-18 Na_2S添加顺序对蓝晶石矿物浮选的影响

a—蓝晶石；b—石英；c—黑云母

从图4-18可以看出，Na_2S与十二胺的添加顺序对石英及黑云母矿物基本没有影响，对蓝晶石矿物起到了活化作用，并且Na_2S先添加对蓝晶石的活化作用要强于Na_2S后添加对蓝晶石的活化作用。当Na_2S的药剂用量为150mg/L时，蓝晶石的回收率从28.31%提高至31.25%。

由于在试验pH值范围内，溶液中主要是H_2S与HS^-占优势组分，因此对石英以及黑云母的浮选回收率基本没有影响；但是对蓝晶石来说，由于矿物表面暴露出金属Al^{3+}，少量的HS^-通过与矿物表面金属阳离子键合而吸附在蓝晶石表面，从而增加矿物表面负电性，使十二胺更容易吸附在矿物表面，因此在十二胺体系中蓝晶石可以被Na_2S轻微活化。

以十二胺作为捕收剂，无机阴离子调整剂与十二胺不同添加顺序对蓝晶石、石英以及黑云母的影响见表4-4，并得到如下结论。

表4-4 十二胺作捕收剂时无机阴离子调整剂对蓝晶石矿物浮选的影响

试验纯矿物名称		蓝晶石	石英	黑云母
NaF	先添加	活化	无	无
	后添加	弱活化	无	无
	效果对比	强	相 同	相 同
Na_2SiO_3	先添加	强抑制	抑制	无
	后添加	强抑制	抑制	弱抑制
	效果对比	弱	弱	弱
$(NaPO_3)_6$	先添加	强抑制	强抑制	抑 制
	后添加	强抑制	强抑制	无
	效果对比	强	弱	强
Na_2S	先添加	弱活化	无	无
	后添加	无	无	无
	效果对比	强	相 同	相 同

（1）NaF与十二胺添加顺序的不同对石英、黑云母两种矿物的浮选基本没有影响，但是NaF添加对蓝晶石有活化作用，且NaF先添加对蓝晶石的活化作用要强于后添加对蓝晶石的活化作用。

（2）Na_2SiO_3与十二胺的添加顺序不同对三种矿物浮选的影响不同，对黑云母的影响较小，但是对蓝晶石起到强的抑制作用，且Na_2SiO_3在十二胺之后添加对矿物的抑制作用更强；Na_2SiO_3对石英也起到抑制作用。

（3）$(NaPO_3)_6$的添加对蓝晶石及石英均起到较强的抑制作用，对黑云母的抑制较弱。

（4）Na_2S除了对蓝晶石起到轻微的活化作用外，对石英及黑云母两种矿物的浮选基本没有影响。

4.4 有机调整剂对矿物可浮性影响

在硅酸盐浮选过程中，有机调整剂一般作为抑制剂使用，对矿物分离起着重要的作用。有机调整剂对矿物主要有四种作用：（1）改变矿浆中离子组成及去活。有机抑制剂能与矿浆中的金属离子作用，掩蔽、消除这些活化离子对矿物的活化作用。（2）使矿物表面亲水性增强。有机抑制剂一般都带有多个极性基，包括对矿物的亲固基和亲水基，当极性基与矿物表面作用后，亲水基朝向矿物表面之外使其呈较强的亲水性，降低可浮性。（3）使已吸附于矿物表面的捕收剂解析或者防止捕收剂吸附。一些有机抑制剂与捕收剂能在矿物表面发生竞争吸附而减少捕收剂在矿物表面的吸附量。（4）一些有机抑制剂可活化捕收剂在矿物表面的吸附作用。一些阴离子型有机抑制剂在矿物表面吸附后，有利于阳离子捕收剂在矿物表面吸附。

有机抑制剂能否在矿物表面吸附以及吸附固着强度，主要取决于药剂分子中极性基的特性及矿物表面的性质，其中的作用方式有以下几种：（1）在矿物表面双电层中靠静电引力发生吸附；（2）通过氢键和范德瓦尔斯力吸附于矿物表面；（3）通过化学吸附及表面化学反应使有机抑制剂在矿物表面吸附；（4）多种吸附形式同时存在。

有机调整剂包括低分子量有机调整剂和高分子有机调整剂，本节采用十二胺作为捕收剂，系统研究高分子有机调整剂及其添加顺序的改变对蓝晶石、石英及黑云母三种矿物浮选的影响。

4.4.1　淀粉对矿物可浮性的影响

淀粉是一种非离子型的有机高分子聚合物，它吸附于矿物表面后使表面亲水，对表面已吸附的捕收剂还有掩盖屏蔽作用。淀粉在矿物表面的作用方式主要包括氢键、范德瓦尔斯力、双电层的静电引力和化学键力（化学吸附）。带正电的淀粉官能团和带负电的矿物之间存在强的静电吸附作用。除了静电吸附和氢键作用以外，淀粉和矿物还具有较强选择性的化学作用。

Balajee 等认为带正电的淀粉官能团和带负电的矿物之间存在强的静电吸附作用。除了静电吸附和氢键作用以外，淀粉与矿物还具有较强选择性的化学作用。Bemiller 和 Frahn 等认为淀粉与矿物表面上的钙能形成络合物。

本书在实验中采用的是苛性淀粉。将玉米淀粉与 NaOH 按质量比 5∶1 混合后，配成 1%浓度的水溶液，在磁力搅拌器上加热至 90℃ 一段时间呈糊状后自然冷却降至室温。药剂容易腐败失效，应现配现用。

十二胺浓度为 12mg/L 时，淀粉浓度与矿物浮选回收率的关系如图 4-19 所示。

从图 4-19 可以看出，苛性淀粉与十二胺的添加顺序对黑云母的浮选基本没有影响；但是对蓝晶石及石英的浮选回收率影响较大，并且淀粉先添加对两种矿物浮选抑制作用要强于后添加对两种矿物的抑制作用。当淀粉先添加且在药剂用量为 50mg/L 时，蓝晶石的浮选回收率为 8.45%。淀粉对石英的抑制能力也较强，当药剂用量为 50mg/L 时，石英的回收率降至 72.45%。

淀粉对石英具有较强的抑制作用，这可能是由于石英无解理，苛性淀粉结构中的羟基能与矿物表面的氧离子形成全方位的氢键而促进药剂的吸附，因此造成

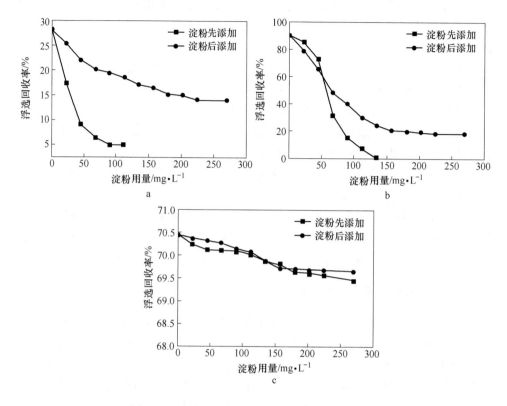

图 4-19　淀粉添加顺序对蓝晶石矿物浮选的影响

a—蓝晶石；b—石英；c—黑云母

石英回收率的降低。由于采用反浮选工艺流程，而苛性淀粉对石英有较强的抑制作用，因此不能使用苛性淀粉作为蓝晶石反浮选适宜的抑制剂。

4.4.2　糊精对矿物可浮性的影响

糊精是巨大淀粉分子裂解而成的产物，成分与淀粉相同，也为 α-葡萄糖的聚合体，但分子量较小，水溶性较好。淀粉水溶液在稀酸存在时水解，第一步即为糊精，继续水解最后得到 α-葡萄糖。糊精的相对分子质量在 800~79000 之间，其用途与作用机理与淀粉相似，在矿物表面主要以氢键或与金属离子键和，对矿物表面起亲水作用。

糊精是一种非离子型的非电解质，在矿物表面吸附后不会对矿物的双电层发生显著影响，只是起压缩扩散层的作用。

十二胺浓度为 12mg/L 时，糊精浓度与矿物浮选回收率的关系如图 4-20所示。

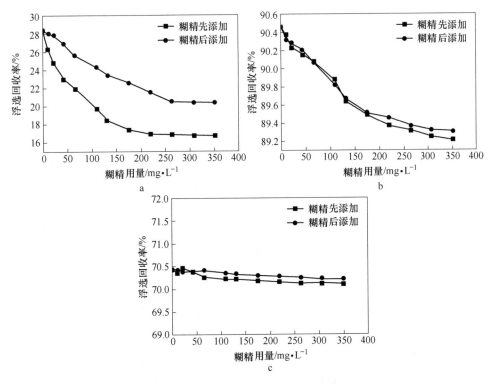

图 4-20 糊精添加顺序对蓝晶石矿物浮选的影响

a—蓝晶石；b—石英；c—黑云母

从图 4-20 可以看出，在十二胺浮选体系中糊精对石英及黑云母两种矿物的浮选回收率基本没有影响，但是对蓝晶石有抑制作用。

随着糊精用量的增大，蓝晶石的回收率呈逐渐降低的趋势，当糊精用量为 200mg/L 时，此时蓝晶石的回收率由 28.13% 降至 16.89%，并且糊精先添加对蓝晶石的抑制效果要强于后添加对蓝晶石的抑制效果。

糊精主要依靠氢键力在矿物表面吸附，也能与矿物表面的一些金属离子发生化学键合，或在金属阳离子区发生静电作用而吸附。糊精对蓝晶石起到抑制作用的原因主要是由于蓝晶石表面暴露的 Al^{3+} 能与糊精结构中的羰基结合，因此对蓝晶石矿物的浮选起到了抑制作用；由于石英与黑云母矿物解离后表面暴露金属阳离子数量的相对比例较小，表面负电性强，难以吸附糊精，因此对这两种矿物的抑制作用较差。

糊精对蓝晶石矿物的抑制作用比淀粉弱的原因与两者性质及结构差异有关。糊精是淀粉的水解产物，分子量小。淀粉巨大的分子结构使其在矿物表面吸附后能对表面已经吸附的捕收剂产生掩盖屏蔽作用，因此能对矿物产生较强的抑制作用。而糊精分子不具备长的分子链，因此无法对矿物表面吸附的捕收剂产生掩盖屏蔽作用，另外糊精的亲水性也比淀粉弱，因此糊精对蓝晶石的抑制作用远比淀粉弱。

4.4.3 柠檬酸对矿物可浮性影响

柠檬酸（$C_6H_8O_7$）属于短碳链有机羧酸抑制剂，广泛地应用于食品饮料、印染、医药等行业，在选矿中主要作为抑制剂，用于萤石、长石、石英及碳酸盐矿物。通过水油度和基团电负性计算求出柠檬酸的 HLB 值为 13.77，浮选剂特性指数 i 为 6.2，柠檬酸极性基的能力较大，尽管亲水-疏水能力的平衡值不大，但由于柠檬酸极性基比例较大、数量较多，因此柠檬酸对矿物的抑制作用较强。

柠檬酸分子中含有三个羧基和一个羟基，其中一个羧基和羟基能够与金属阳离子螯合形成水溶性的金属螯合物而抑制矿物的浮选。如当矿浆中或矿物表面有 Cu^{2+} 时，柠檬酸可与 Cu^{2+} 生成柠檬酸铜螯合物。

根据溶液化学，柠檬酸（H_3L，L 代表 $C_6H_5O_7^{3-}$）在溶液中存在下列平衡：

$$L^{3-} + H^+ \rightleftharpoons HL^{2-}, \qquad K_1^H = 10^{6.4} \tag{4-27}$$

$$HL^{2-} + H^+ \rightleftharpoons H_2L^-, \qquad K_2^H = 10^{4.76} \tag{4-28}$$

$$H_2L^- + H^+ \rightleftharpoons H_3L, \qquad K_3^H = 10^{3.13} \tag{4-29}$$

本书作者根据上述公式绘制出柠檬酸 $C_T = 2.10 \times 10^{-4}$ mol/L 时溶液中各水解组分的分布系数 ϕ 与 pH 值的关系曲线对数，如图 4-21 所示，此浓度对应于试验中浮选浓度 80mg/L。

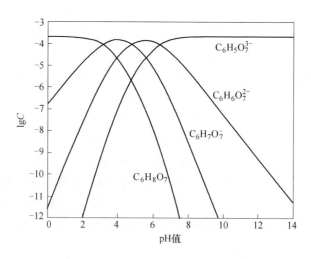

图 4-21 柠檬酸溶液中各水解组分的 ϕ-pH 图

由图 4-21 可见，不同 pH 值条件下，优势组分不同，在试验 pH 值范围内，溶液中主要是 L^{3-} 占优势组分。

十二胺浓度为 12mg/L 时，柠檬酸浓度与矿物浮选回收率的关系如图 4-22 所示。

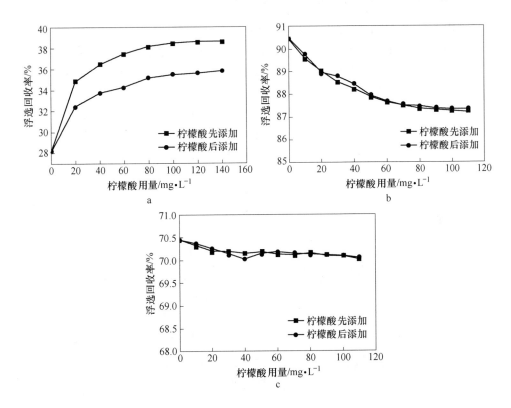

图 4-22 柠檬酸添加顺序对蓝晶石矿物浮选的影响

a—蓝晶石；b—石英；c—黑云母

图 4-22 表明，柠檬酸对蓝晶石的活化作用不仅与柠檬酸的浓度有密切关系，而且与添加顺序也有关系，但总的来说柠檬酸对蓝晶石的活化作用较强，随着柠檬酸浓度的增大蓝晶石的回收率也随之提高，当柠檬酸的用量为 100mg/L 时，蓝晶石的回收率由 28.13% 提高至 38.28%，此时石英还保持较高的可浮性，回收率为 87% 左右。柠檬酸对石英有微弱的抑制作用，但添加顺序对石英的可浮性没有较大的影响，同时柠檬酸对黑云母的影响也很小。柠檬酸对三种矿物的抑制作用大小顺序为：石英 > 黑云母 > 蓝晶石，由此可知柠檬酸不可以作为蓝晶石、石英以及黑云母矿物分离的选择性调整剂。

柠檬酸极性基能够与蓝晶石表面的金属阳离子 Al^{3+} 螯合形成水溶性的金属螯合物，使金属离子掩蔽于液相之中，导致矿物表面正电活性中心减少并增加表面电负性，促进阳离子捕收剂在表面吸附，使矿物表面疏水进而活化矿物的浮选。

柠檬酸极性基比例较大，数量较多，因此对矿物的活化作用较强。

4.4.4　新型抑制剂 AP 对矿物可浮性影响

新型抑制剂 AP 的主要原料是玉米淀粉。

合成过程：通过控制硫酸的浓度和用量，调整淀粉水解的速度，从而控制淀粉水解产物的组成。最终产品的组成为淀粉与糊精的混合物，最终产品中添加了少量的助剂，加强分散。

根据红外光谱的检测方法，对新型抑制剂 AP 进行了红外光谱测试，该抑制剂的有机基团的基频振动吸收都落在中红外区内，因此检测了中红外区（4000 ~ 600cm^{-1}）吸收光谱，得到如图 4-23 所示的 IR 谱图。

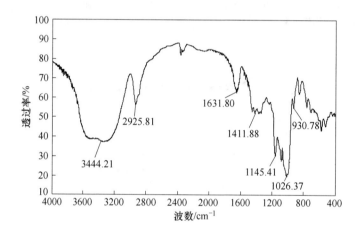

图 4-23　AP 红外光谱图

图 4-23 所示为新型抑制剂 AP 的红外光谱，3444.21cm^{-1} 处有一个大的吸收峰，此为氢键缔合的—OH 伸缩振动的吸收峰；样品中有 2925.81cm^{-1} 特征峰，表明有甲基（CH_3—）、亚甲基（—CH_2—）等基团的伸缩振动峰，说明该抑制剂 AP 中含有饱和烃基的物质；1631.80cm^{-1} 是 C＝C 伸缩振动峰；1411.88cm^{-1} 是由 C—OH 基团引起的振动；1145.41cm^{-1} 是 C—O—C 的伸缩振动吸收峰；1026.37cm^{-1} 是与伯醇羟基相连的 C—O 伸缩振动吸收峰；930.78cm^{-1} 是—$C(CH_3)_3$的伸缩振动吸收峰。

上述分析说明，抑制剂 AP 中拥有大量可以形成氢键的羟基、羰基，以及其他可以形成亲水效应的官能团，因而为选择性抑制提供了可能。同时对比淀粉与糊精的红外光谱图可以看出，AP 样品的谱图中含有淀粉与糊精的主要特征峰，可以推断出该抑制剂 AP 样品中主要含有淀粉与糊精。

同时对合成药剂 AP 的特征峰与淀粉和糊精的特征峰进行了对比，见表 4-5。

表 4-5 抑制剂 AP 的特征峰及其可能的基团

抑制剂 AP 样特征峰的位置/cm^{-1}	淀粉样特征峰的位置/cm^{-1}	糊精样特征峰的位置/cm^{-1}	可能存在的基团
3444.21	3440.09	3464.98	OH$^-$ 伸缩振动
2925.81	2929.96	2925.81	CH$_3$—伸缩振动 —CH$_2$—伸缩振动
1631.80	1644.24	1644.24	C＝C
此峰减弱	1465.90	1432.72	CH$_3$—弯曲振动 —CH$_2$—弯曲振动
1411.88	1428.57	1428.00	C—H 弯曲振动
此峰消失	1366.36	1360.00	—C—H 弯曲振动
此峰消失	1241.94	1241.94	C—C(＝O)—O
1145.41	1163.13	1158.99	C—O—C 伸缩振动
1026.37～1084.33	1080.18～1009.68	1092.63～1017.97	C—O 伸缩振动
930.78	930.88	930.17	—C(CH$_3$)$_3$
此峰消失	868.66	885.25	Ar—H 弯曲振动

淀粉样、糊精样中都有特征峰 1644cm^{-1}，此为 C＝C 伸缩振动吸收峰，而在抑制剂 AP 中，此峰移至 1631.80cm^{-1}处；另外淀粉样、糊精样中都有特征峰 1465cm^{-1}、1432cm^{-1}，而在 AP 样品中此峰减弱，特别 AP 样品中在 1360～1366cm^{-1}、1241cm^{-1}、868～885cm^{-1}等处特征峰消失，说明 AP 样品中淀粉与糊精发生了分子缔合。

十二胺作为捕收剂时，新型抑制剂 AP 对蓝晶石矿物浮选的影响如图 4-24 所示。

从图 4-24 可以看出，抑制剂 AP 与十二胺的添加顺序对黑云母的浮选基本没有影响；但是对蓝晶石的浮选回收率影响较大，并且抑制剂 AP 先添加对蓝晶石浮选的抑制作用要强于后添加。当抑制剂 AP 先添加且在药剂用量为 22.5mg/L 时，蓝晶石的浮选回收率仅为 2.78%，虽然 AP 对石英也有抑制作用，但是抑制相对较弱，此时石英的回收率为 86.47%，两者回收率差异为 83.56%，因此抑制剂 AP 的加入有可能实现蓝晶石的阳离子反浮选分离。

抑制剂 AP 对蓝晶石起到较强的抑制作用，这主要是在蓝晶石表面暴露出 Al^{3+}，AP 与矿物表面 Al^{3+}发生化学键和作用而吸附在蓝晶石表面，使矿物表面亲水化，起到了抑制作用。同时根据试验结果也可看出，抑制剂 AP 的加入对蓝晶石及石英均起到了不同程度的抑制作用，因此在实际蓝晶石矿的浮选工艺中应严格控制 AP 的药剂用量。

以十二胺作为捕收剂，有机调整剂与十二胺不同添加顺序对蓝晶石、石英以

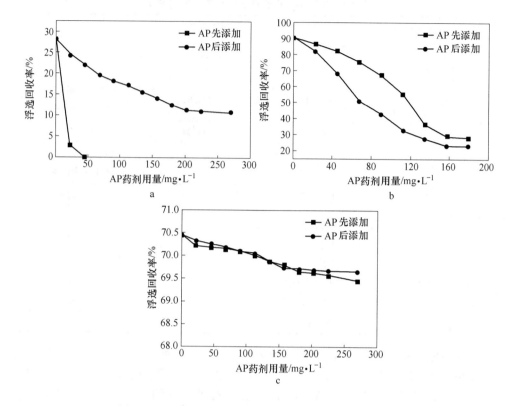

图 4-24 抑制剂 AP 添加顺序对蓝晶石矿物浮选的影响

a—蓝晶石；b—石英；c—黑云母

及黑云母的影响见表4-6，并得到如下结论：

（1）糊精与十二胺不同的添加顺序对石英、黑云母两种矿物的浮选基本没有影响，但是糊精添加对蓝晶石有抑制作用，且糊精先添加对蓝晶石的抑制作用要强于后添加对蓝晶石的抑制作用。

（2）苛性淀粉与十二胺的添加顺序对黑云母的浮选基本没有影响；但是对蓝晶石及石英的浮选回收率影响较大，并且淀粉先添加对两种矿物浮选抑制作用要强于后添加对两种矿物的抑制作用。

（3）柠檬酸对蓝晶石的活化作用较强，当柠檬酸的用量为 100mg/L 时，蓝晶石的回收率由 28.13% 提高至 38.28%，此时石英还保持较高的可浮性，回收率为87%左右。柠檬酸对石英有微弱的抑制作用，同时柠檬酸对黑云母的影响也很小。柠檬酸对三种矿物的抑制作用大小顺序为：石英 > 黑云母 > 蓝晶石。

（4）抑制剂 AP 与十二胺的添加顺序对黑云母的浮选基本没有影响；对石英的影响次之，但是对蓝晶石的浮选回收率影响较大，当抑制剂 AP 用量为

22.5mg/L 时，蓝晶石的浮选回收率仅为 2.78%，石英的回收率为 86.47%，因此抑制剂 AP 的加入有可能实现蓝晶石的阳离子反浮选分离。

表4-6 十二胺作捕收剂时有机调整剂对蓝晶石矿物浮选的影响

试验纯矿物名称		蓝晶石	石 英	黑云母
糊 精	先添加	强抑制	无	无
	后添加	强抑制	无	无
	效果对比	强	相 同	相 同
苛性淀粉	先添加	强抑制	强抑制	无
	后添加	强抑制	强抑制	无
	效果对比	强	强	相 同
柠檬酸	先添加	强活化	抑 制	无
	后添加	强活化	抑 制	无
	效果对比	强	强	相 同
AP	先添加	强抑制	抑 制	无
	后添加	强抑制	抑 制	无
	效果对比	强	强	相 同

4.5 本章小结

（1）浮选试验结果表明，在 pH = 6.5 条件下，用十二胺盐酸盐作捕收剂，蓝晶石、石英、黑云母的浮选回收率相差不大，无法实现蓝晶石的阳离子反浮选分离。

（2）金属阳离子对蓝晶石矿物的浮选行为研究表明：

1）Ca^{2+} 和 Mg^{2+} 对黑云母、石英的可浮性影响很小，对蓝晶石的可浮性则存在一定活化作用，使蓝晶石的浮选回收率从 43.26% 提高到 80.25%，主要是由于金属离子的羟基络合物存在，使蓝晶石表面的电性降低，十二胺的静电吸附力增强，起到了活化作用。

2）Al^{3+} 和 Fe^{3+} 对黑云母的可浮性影响很小，对蓝晶石、石英的可浮性则存在很强的抑制作用，且在相同的药剂浓度下，Al^{3+} 比 Fe^{3+} 对矿物的抑制作用要强。

（3）无机阴离子对蓝晶石矿物的浮选行为研究表明：

1）NaF 与十二胺不同的添加顺序对石英、黑云母两种矿物的浮选基本没有影响，但是 NaF 添加对蓝晶石有活化作用，且 NaF 先添加对蓝晶石的活化作用要强于后添加对蓝晶石的活化作用。

2）Na_2SiO_3 与十二胺的添加顺序不同对三种矿物浮选的影响不同，对黑云母的影响较小，但是对蓝晶石起到强的抑制作用，且 Na_2SiO_3 在十二胺之后添加对矿物的抑制作用更强；Na_2SiO_3 对石英也起到抑制作用。

3）$(NaPO_3)_6$ 的添加对蓝晶石及石英均起到较强的抑制作用，对黑云母的抑制较弱。对石英以及黑云母的抑制作用主要是由于荷负电的磷酸根离子在矿物表面发生了吸附，这种亲水的磷酸胶体吸附在矿物表面，对捕收剂的吸附起阻碍作用，达到了抑制的效果。对蓝晶石的抑制作用主要是由于电离出的磷酸根阴离子与蓝晶石表面暴露的 Al^{3+} 离子可以生成难溶盐，继而转化为稳定的可溶性络合物，使矿物表面的活性点溶解于矿浆中，捕收剂因无吸附点而达到抑制效果。

4）Na_2S 除了对蓝晶石起到轻微的活化作用外，对石英及黑云母两种矿物的浮选基本没有影响。由于在试验 pH 值范围内，溶液中主要是 H_2S 与 HS^- 占优势组分，因此对石英以及黑云母的浮选回收率基本没有影响；但是对蓝晶石来说，由于矿物表面暴露出金属 Al^{3+}，少量的 HS^- 通过与矿物表面金属阳离子键合而吸附在蓝晶石表面，从而增加矿物表面负电性，使十二胺更容易吸附在矿物表面，因此在十二胺体系中蓝晶石可以被 Na_2S 轻微活化。

（4）有机调整剂对蓝晶石矿物的浮选行为研究表明：

1）在十二胺浮选体系中糊精对石英及黑云母两种矿物的浮选回收率基本没有影响，但是对蓝晶石有抑制作用，其原因是蓝晶石表面暴露的 Al^{3+} 能与糊精结构中的羧基结合，因此对蓝晶石矿物的浮选起到了抑制作用。

2）苛性淀粉与十二胺的添加顺序对黑云母的浮选基本没有影响；但是对蓝晶石及石英的浮选回收率影响较大，并且淀粉先添加对两种矿物浮选抑制作用要强于后添加对两种矿物的抑制作用。当苛性淀粉先添加且在药剂用量为 22.5mg/L 时，蓝晶石的浮选回收率仅为 2.78%，石英的回收率为 85.34%，两者回收率差异为 82.56%，因此苛性淀粉的加入有可能实现蓝晶石的阳离子反浮选分离。

3）柠檬酸对蓝晶石的活化作用较强，对石英有微弱的抑制作用，同时柠檬酸对黑云母的影响也很小。柠檬酸对三种矿物的抑制作用大小顺序为：石英 > 黑云母 > 蓝晶石。

5 矿物浮选过程动力学

5.1 浮选动力学理论

5.1.1 浮选动力学研究基础

米卡和富尔斯特瑙等人提出浮选过程可以大体分为四个子过程：矿粒悬浮与气泡碰撞和附着的过程；泡沫与矿浆之间进行物质交换和分配的过程；矿粒在气泡表面附着、滑动及脱落的过程；矿化泡沫上浮到表面成精矿排出的过程。许多学者都在研究各子过程的浮选数学模型，根据研究方法的不同各子过程的浮选数学模型可分为概率模型、动力学模型、总体平衡模型和经验模型。其中动力学数学模型是在浮选动力学理论基础上建立起来的。

浮选过程是一个相当复杂的物理化学过程，浮选动力学研究各种影响因素支配下浮选过程随时间的变化规律。浮选过程状态的变化是由于浮选物料发生传递而引起的。浮选数学模型就是以浮选物料的各种传递规律以及各种内部和外部因素对传递的影响为基础建立起来的。因此，可以说浮选动力学是建立浮选数学模型的基础。

浮选槽内的空间可以分为矿浆和泡沫两部分，其中每一部分又可以分为液相和气相。这样任一颗粒在进入浮选槽后到离开浮选槽前必将处于以下四种状态之一：在矿浆的液相（V_{LP}）中；在矿浆的气相（V_{BP}）中；在泡沫的液相（V_{LF}）中；在泡沫的气相（V_{BF}）中。如图 5-1 所示，浮选过程中颗粒的传递过程 V_{BP} 就包括颗粒在上述四个状态之间的转移以及从泡沫到精矿的转移。颗粒从 V_{LP} 到 V_{BP} 为矿浆中的碰撞黏附过程；从 V_{BP} 到 V_{LP} 是矿浆中的脱落过程；从 V_{BP} 到 V_{BF} 是上浮过程；从 V_{LP} 到 V_{LF} 是夹带过程；从 V_{LF} 到 V_{BF} 是泡沫的黏附过程；从 V_{BP} 到 V_{LF} 是泡沫的脱落过程；从 V_{LF} 到 V_{LP} 是泄回过程；从 V_{LF} 到 V_{BF} 是精矿的移出过程。

在上述 9 个子过程中，除上浮、夹带以及精矿刮出属于单纯的转移过程外，其他都是质量作用过程。对于性质完全相同的颗粒，在通常条件下它们均满足一阶动力学，即转移速率与处于转移状态的颗粒的数目（或质量）成正比。值得注意的是，只有当未附着颗粒的气泡表面积足够多时，黏附过程才遵循一阶动力学，这种情况称为"自由浮选"。当气泡表面趋于饱和时，颗粒和气泡的额外碰撞并不能产生额外的黏附，这是黏附速率仅取决于单位体积气泡表面积而使得黏附过程遵循零阶动力学，这种情况称为"干涉浮选"。

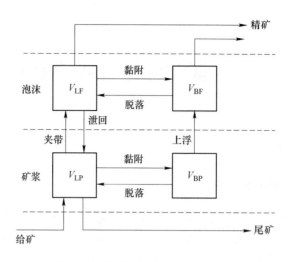

图 5-1　颗粒在浮选槽中的四种状态

考虑上述 9 个子过程的浮选模型就是多相总体平衡模型。如果不考虑液相和气相的区别，则上述 9 个子过程就合并为 3 个子过程，这就是浮出过程、精矿刮出过程和泄回过程。考虑上述 3 个子过程的模型就是两相浮选模型。

如果只考虑物料浮选的总的效果，则可以对矿浆和泡沫的行为不加区别，将所有的子过程都合并为一个总过程，这就是单相浮选模型。

浮选动力学的研究可以追溯到 20 世纪 30 年代，在化学反应动力学的基础上，把矿粒与气泡的相互作用等同于化学反应过程中分子、原子或离子等粒子间的相互作用，认为浮选过程动力学与一级化学反应动力学相似。

从 20 世纪 60 年代开始，许多学者认识到，浮选过程与化学反应过程存在一定的区别，即浮选物料及其浮选性质在浮选槽内的空间分布是不均匀的，因此，同一物料的浮选速度常数并不是恒定不变的。于是浮选动力学研究有了进一步的发展。具有典型代表的浮选动力学模型有经典一级浮选方程、n 级浮选速度方程、多相浮选数学模型及速度常数分布模型。应用浮选动力学模型分析矿物的浮游性，对于优化浮选工艺流程、提高矿物分选指标等具有重要的意义。

5.1.2　浮选动力学影响因素

浮选动力学受到很多因素的影响，主要的有：

（1）矿物颗粒：粒度、形状、组成、密度、结晶细度、嵌布特性、解离度、表面活性、氧化程度等。

（2）浮选设备：浮选动力学特性、精矿刮出方式、空气的引入及气泡的产生方式、停留时间分布等。

（3）化学环境：pH 值调整剂、起泡剂、捕收剂、抑制剂、活化剂等药剂的用量及添加方式。

（4）操作条件：搅拌速度、矿浆浓度、充气量、给矿流量、泡沫层厚度等。

矿物的可浮性与矿物的粒度有密切的关系。粒度太粗，超过气泡的负载能力，通常不易浮起；粒度太细，造成泥化，分选的选择性降低。实践证明，各种粒度的浮选行为有较大的差别：通常粗粒级浮选较慢，但选择性较好，但过粗时浮不出，易损失在尾矿中，俗称"跑粗"；细粒级浮选速率快，选择性差，过细则失去选择性；只有中等粒度才具有最佳的可浮性。

粗颗粒常损失在尾矿中，不能进入泡沫产品。原因是大颗粒在浮选过程中附着到气泡上的几率小，脱落几率大造成的。颗粒增大，其诱导时间长，对颗粒附着到气泡上是不利的。因此，颗粒越大，越难附着到气泡上。颗粒附着到气泡上以后，当颗粒在气泡上的附着力小于与重力有关的破坏力时，颗粒就从气泡上脱落，颗粒越大，脱落力越大，特别是矿浆在强烈的紊流条件下，即使附着到气泡上，也很容易从气泡上脱落。

很多选矿学者曾详细研究过矿物粒度对浮选速率的影响，一般情况是，在某一中间粒度有最大浮选速率，对于不同矿物，出现最大浮选速率的粒度不同。矿物浮选速率常数随粒度变化的原因在于：粒度对矿粒与气泡碰撞并附着所需感应时间有显著的影响，如果感应时间长，则气泡与矿粒形成集合体就困难，浮选速率就降低，而感应时间随粒度的增加而急剧增加，因此，粗粒浮选速率的下降很快；任何矿物在某一中间粒度有最大浮选速率，当粒度小于这一最佳值时，随着粒度增加，气泡和矿粒碰撞并形成气泡-矿粒集合体的概率增加，因此其浮选速率常数也随着增加，当粒度大于这一最佳值后，粒度对矿物和气泡碰撞并形成集合体的概率的影响虽然不大，但是粒度增大后惯性增大，使气泡和矿粒集合体在到达浮选机表面的泡沫层之前分开，因此其浮选速率降低。

矿浆浓度是浮选动力学影响因素之一，主要表现在矿浆浓度对浮选过程各因素的影响，矿浆浓度对浮选各项因素的影响主要表现在以下方面：

（1）矿浆浓度对药剂耗量有影响，即低浓度时，单位容积矿浆中药剂浓度显著降低，在加药量一定的条件下，矿浆浓度大时，药剂浓度也大，因此在浮选中采用较高矿浆浓度，可以适当减少药剂用量。

（2）矿浆浓度增大，如果浮选机的体积和生产率保持不变，矿浆在浮选机中停留时间就可以相对延长，有利于提高回收率。相反，如果浮选时间不变，增大矿浆浓度，可以提高浮选机的生产率。

（3）浮选机的充气量随矿浆浓度而变化，过浓和过稀的矿浆均导致充气恶化。随着矿浆浓度增大，气泡升浮受到阻碍，气泡在矿浆中停留时间增长，使矿浆中空气含量增高。当矿浆浓度过大，空气在矿浆中不易分散，气泡分布也不均匀，使气泡升浮速率增大，减少矿浆中空气含量，使矿浆的充气情况变坏。

浮选能否进行并得到满意指标，很大程度上取决于浮选的药剂制度，因此，药剂制度是生产中的突出问题。药剂制度主要包括：药剂的配制、药剂种类和用量、药剂的添加顺序、加药点和加药方法、药剂作用时间、联合用药、药剂最佳化控制和调节等。

在浮选过程中，加入捕收剂可以提高矿物的可浮性，捕收剂的作用是提高矿物表面的疏水性，增加可浮性，从而提高矿物浮选速度，对矿物浮选速率有一定的影响，并促使与气泡附着，增加附着的牢固性。在浮选过程中，使用捕收剂，使矿物表面性质得到了改善，此时，如果矿浆中有性质良好的气泡，就能实现分选。起泡剂的作用是使气-液界面表面张力降低，促使空气在矿浆中分散，防止气泡兼并；增加分选界面，增大气泡强度，提高泡沫的稳定性；降低气泡的运动速率，增加气泡在矿浆中的停留时间，从而保证矿化气泡上浮形成泡沫层。

5.1.3 浮选动力学的应用

浮选过程极其复杂，浮选分离受到很多因素的影响，国内外许多研究者通过模拟建立适宜的浮选动力学模型来解释和描述浮选过程；通过浮选动力学研究对浮选行为、浮选药剂、选矿工艺流程进行评价解释；通过浮选设备的动力学研究为浮选设备的优化设计提供依据。

5.1.3.1 实用型浮选动力学模型的建立

浮选动力学在选矿实践中应用广泛。

李国华针对某萤石浮选推荐了一个泡沫浮选动力学新模型，这是实验室单槽泡沫浮选模型，其中零阶、一阶和二阶浮选速率方程是在连续浮选的时间间隙实现的。在新模型的基础上，研究了萤石—油酸钠—甲基异丁基甲醇系统的浮选速率曲线。其中速率方程如下。

零阶速率方程：
$$-\frac{\mathrm{d}w}{\mathrm{d}t} = k_0 = k_{f0}k_B N_B$$

一阶速率方程：
$$-\frac{\mathrm{d}w}{\mathrm{d}t} = k_1 w = k_{f1}A_e N_{Be}w$$

二阶速率方程：
$$-\frac{\mathrm{d}w}{\mathrm{d}t} = k_2 w^2 = k_{f2}(A_e N_{Be})^2 w^2$$

陶有俊等对淮北某原生煤泥进行浮选动力学试验研究，研究了煤泥不同密度级（粒级）的浮选动力学数学模型，建立了煤泥浮选速率常数与煤泥密度和捕收剂及起泡剂用量之间的数学模型，并利用不同密度级的浮选速率常数对实际浮选生产结果进行预测。数学模型表达式为：

$$k = a_0 + a_1 d + a_2 c + a_3 f + b_1 d^2 + b_2 c^2 + b_3 f^2 + e_1 cf$$

式中　　*d*——煤泥粒度；

　　　　c——捕收剂用量；

　　　　f——起泡剂用量。

通过对试验的原始数据进行拟合求得的浮选速率常数模型为：

$$k = 7.3054 - 7.2236d + 2.6283c - 13.5525f + 1.8337d^2 +$$
$$0.0154c^2 + 116.2f^2 - 1.4645cf$$

5.1.3.2　通过浮选动力学研究对浮选行为、药剂及工艺流程进行评价解释

浮选行为的变化及选矿工艺流程的确定受矿表性质特征、浮选设备、固液气三相变化状态及物理化学因素的影响。浮选动力学正是研究这些因素影响下的浮选过程随时间变化的规律，它不仅有助于揭示浮选的机理，更有利于浮选流程和设备的优化设计，还为控制工业浮选过程，实现科学管理，提高经济效益提供了可能。因此，可利用所得的浮选动力学模型中的参数来描述矿物浮选行为，评价所采用的浮选药剂，解释工艺流程的合理价值。

赖维敏对美国西部四个斑岩铜矿石的浮选动力学参数进行分析，得到各矿样的浮选速率与磨矿细度之间的变化规律，反映出不同细度条件下的矿物浮选特征，为各矿样选取最佳的工艺条件提供了依据。

方和平通过对窄级别鳞片石墨纯矿物实验室的浮选试验和对石墨选矿厂的流程考察，发现鳞片石墨纯矿物浮选速率常数与平均粒度的关系为双峰曲线，大鳞片石墨纯矿物的浮选速率高于生产中同粒级石墨的浮选速率。据此，考查了捕收剂用量、矿浆浓度、浮选机转速和混合物料中大小鳞片的不同配比对浮选速率的影响，从浮选动力学角度分析了生产中大鳞片石墨在尾矿中损失的原因，探讨解决使用何种药剂制度及工艺流程来提高鳞片石墨选矿回收率和大鳞片石墨产率的问题。

李少章等针对高硫煤泥脱硫的难题，通过浮选动力学研究分析药剂制度和工艺条件对浮选脱硫的影响，利用煤和黄铁矿浮选速率常数较准确地分析了药剂制度、浮选工艺条件和抑制剂的影响。

通过上述研究可知，研究浮选动力学对深入研究浮选机理具有重要作用，对于优化浮选工艺参数、模拟与控制浮选设备、改进浮选工艺、提高浮选效率等都具有重要意义。

本章主要从浮选药剂入手，以邢台地区蓝晶石矿为例，以十二胺为捕收剂，以 AP 作为抑制剂，对其主要的三种矿物（蓝晶石、石英及黑云母），采用单矿物分批浮选的实验方法，从可浮性方面系统分析矿物的浮游特性及其动力学特性，在此基础上建立矿物浮选的动力学模型，为改善浮选的选择性及推动浮选新工艺的发展提供一定的参考。

5.2 单矿物分批浮选试验

为考察各个因素对浮选动力学的影响，针对蓝晶石、石英及黑云母单矿物分别进行了不同条件下的分批刮泡试验，为接下来的浮选动力学研究提供数据。

5.2.1 无AP条件下十二胺用量对矿物浮选的影响

图5-2表示在pH=6.5、不加AP、不同十二胺用量条件下，矿物浮选累计回收率与浮选时间的关系。

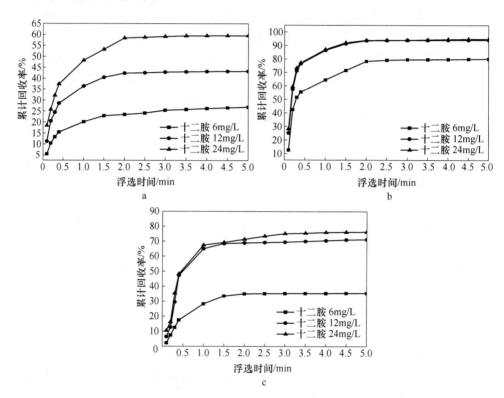

图5-2 不加AP不同十二胺用量条件下矿物累计回收率与浮选时间的关系

a—蓝晶石；b—石英；c—黑云母

由图5-2可以看出，三种矿物的浮游速度变化都比较大。对蓝晶石而言，随着浮选时间的增加，回收率也随着捕收剂用量的增加而增加，浮选时间为2.5min左右时，浮选基本结束；若浮选时间的继续增加，但回收率变化很小。十二胺的不同浓度对蓝晶石的影响较大，在浮选时间2min时，蓝晶石的回收率由6mg/L的25.87%左右增加到24mg/L的59.50%。十二胺的浓度对石英的影响较小，当十二胺的浓度为12mg/L，2.5min的回收率就可达到94.01%，后继续增加十二胺的浓度，石英的回收率增加幅度较小。十二胺对黑云母的影响也较大，随着浮选时间的增加浮游速度变化较大，2min 后随着时间的继续增加浮游速度降低。十二胺对黑云母的影响与石英相似，在十二胺浓度为 12mg/L 时，回收率峰值为 71.01%。

5.2.2 加入 AP 条件下十二胺用量对矿物浮选的影响

图 5-3 为加入 AP 条件下十二胺用量对不同矿物浮选的影响。由图 5-3 可以看出，石英及黑云母的浮游速度变化较大，随浮选时间的延长浮游速度降低。对石英而言，十二胺浓度达到 12mg/L 之前，5min 累计回收率随捕收剂用量的增加而略有增加，并最终稳定在 91% 左右，回收率大于 90%，所用的浮选时间可以由 5min 左右减少到 2.5min 左右。

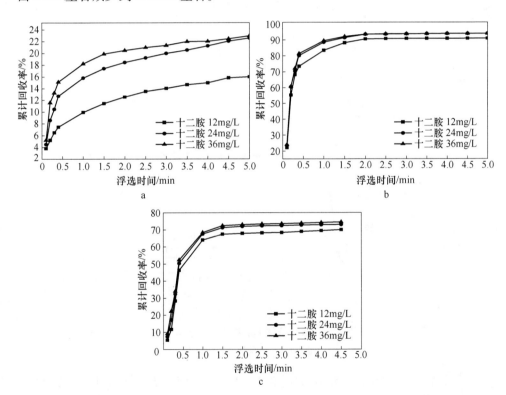

图 5-3 加入 AP 条件下不同十二胺浓度条件下矿物累计回收率与浮选时间的关系
a—蓝晶石；b—石英；c—黑云母

十二胺对黑云母的影响与石英相似，回收率峰值为 70.20%，回收率大于 70% 相对应的浮选时间由 5min 减少到 2.5min 左右。对蓝晶石而言，十二胺用量对其浮游性影响与其他两种矿物不同，5min 累计回收率由 12mg/L 的 15.54% 提高到 36mg/L 的 24.52%。

整体而言,十二胺对石英、黑云母可浮性影响较小,对蓝晶石影响较大,矿物可浮性的顺序为石英 > 黑云母 > 蓝晶石。

5.2.3 抑制剂 AP 用量对矿物可浮性的影响

图 5-4 表示 pH = 6.5,十二胺用量为 12mg/L 时,不同 AP 用量条件下,矿物浮选累计回收率与浮选时间的关系。

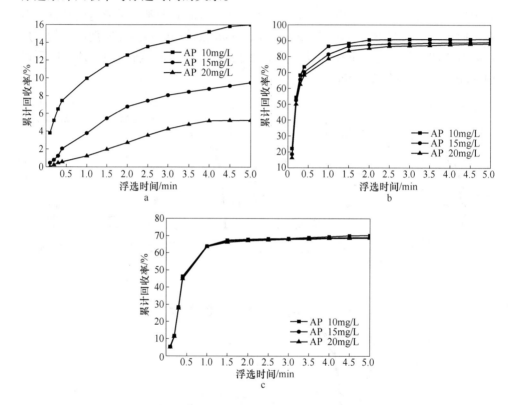

图 5-4 不同抑制剂 AP 浓度条件下矿物累计回收率与浮选时间的关系
a—蓝晶石;b—石英;c—黑云母

由图 5-4 可以看出,5min 累计浮选回收率,蓝晶石由不加抑制剂 AP 的 43.27% 下降到添加 AP 20mg/L 时的 5.23%,石英由 94.01% 下降到 88.00%,黑云母由 71.01% 下降到 68.61%。经分析可知,AP 对石英及黑云母的可浮性影响较小,而蓝晶石可浮性有较大程度的降低,其浮选回收率下降了 38.04%,浮选前期石英与黑云母的浮游速度都比较快,2min 后浮选速度变得较为缓慢。整体而言,捕收剂用量一定时,AP 对蓝晶石与石英的可浮性影响较大,对黑云母的影响较小。

5.3 矿物浮选速度常数及其分布

5.3.1 浮选速度常数

浮选动力学的研究内容是泡沫产品随浮选时间变化的数量关系，表示这种关系的方程称为浮选速率方程。浮选过程进行的快慢，可以用单位时间内浮选矿浆中被浮矿物的浓度变化或回收率的变化来表示，称为浮选速率。由于粒度不同、捕收剂吸附的不均匀性以及表面性质的差异等原因，矿物往往具有不同的浮选速度常数（以下简称 K 值）。因此在整个浮选过程中，矿物的 K 值是不断变化的。

假定矿物在较短时间间隔 Δt_n 内的 K 值不变，且符合经典一级浮选动力学方程，可以根据方程组（5-1）计算矿物在时间间隔为 Δt_1，Δt_2，$\cdots$，Δt_n 时相应的 K_1，K_2，$\cdots$，K_n，分析 K 值在浮选过程中的规律。

$$
\begin{cases}
\varepsilon_1 = \varepsilon_\infty (1 - e^{-K_1 t_1}) \\
\varepsilon_2 = (\varepsilon_\infty - \varepsilon_1)(1 - e^{-K_2 t_2}) \\
\qquad\qquad \vdots \\
\varepsilon_n = [\varepsilon_\infty - (\varepsilon_1 + \varepsilon_2 + \cdots + \varepsilon_{n-1})](1 - e^{-K_n t_n})
\end{cases}
\tag{5-1}
$$

为了从整体上描述浮选过程中 K 值的大小及其变化情况，本书引入统计平均值 $\overline{K}$ 和标准差 SD（Standard Deviation）。

统计平均值 $\overline{K}$ 反映矿物浮选过程的整体浮游速度，平均值 $\overline{K}$ 越大，表示矿物在浮选过程中的浮游速度越快，反之，则浮游速度越慢；标准差 SD 反映矿物浮选过程中 K 值的离散程度，标准差 SD 越大，表示矿物在浮选过程中的 K 值波动性越大，反之，则波动性越小。

$$
\overline{K} = \frac{\sum\limits_{i=1}^{n} \varepsilon_i K_i}{\sum\limits_{i=1}^{n} \varepsilon_i}
\tag{5-2}
$$

式中　$\overline{K}$——矿物在整个浮选时间段内 K 值的统计平均值；

$\quad\quad K_i$——矿物在第 i 个时间间隔内（即第 i 个浮选精矿）的 K 值；

$\quad\quad \varepsilon_i$——矿物在第 i 个时间间隔内（即第 i 个浮选精矿）的浮选回收率。

$$
SD = \sqrt{\frac{\sum\limits_{i=1}^{n} (K_i - \overline{K})^2}{n}}
\tag{5-3}
$$

式中　SD——矿物浮选过程 K 值的标准差。

表 5-1 是无抑制剂 AP 及加入 AP 20mg/L（十二胺 12mg/L）后，蓝晶石、石英和黑云母分段，连续刮泡 0.1min、0.2min、0.3min、0.4min、1.0min、1.5min 上浮精矿 1、精矿 2、精矿 3、精矿 4、精矿 5 和精矿 6 的 K 值及其统计平均值 $\overline{K}$ 和标准差 SD。

表 5-1 矿物浮选速度常数

矿 物	浮选速度常数 $K/\min^{-1}$						平均值 $\overline{K}$	标准差 SD	备 注
	0.1min	0.2min	0.3min	0.4min	1.0min	1.5min			
蓝晶石	3.01	3.41	1.93	2.45	1.29	2.92	2.59	0.52	不加抑制剂 AP
石英	3.11	6.35	4.76	2.62	1.41	1.99	4.23	1.89	
黑云母	0.95	1.02	3.37	5.58	2.59	1.63	3.22	1.76	
蓝晶石	0.49	0.39	0.38	0.34	0.33	0.32	0.39	0.109	加入 AP
石英	2.10	6.39	3.95	2.60	1.24	1.52	4.00	2.02	
黑云母	0.76	1.03	3.40	5.39	2.25	1.45	3.18	1.77	

由表 5-1 可以看出，不加调整剂 AP 时三种矿物的 K 值较大且趋势是随浮选的进行 K 值先增大后降低，由标准差 SD 可知 K 值在浮选过程中波动较大。加入 AP 后，蓝晶石的 K 值变化较为明显，而石英及黑云母的变化较小，尤其是黑云母，说明抑制剂 AP 的加入对黑云母的可浮性影响较小，这与前面的实验结论一致。

不加调整剂时，石英、黑云母与蓝晶石之间的平均 K 值相比分别为 1.63、1.24，加入抑制剂 AP 后，平均值之比变为 10.26、8.15，可见以十二胺为捕收剂，添加适量的抑制剂 AP 可显著扩大矿物浮游速度之间的差异。

5.3.2 速度常数分布

一般地讲，在浮选过程中可浮性好、K 值高的矿物会以较快的速度浮出；K 值低的矿物会以较慢的速度浮出，形成一种 K 值随着浮选时间延长而逐步降低的规律。在研究这种规律时，必然考虑在同种矿物中，具有各种不同 K 值的量所占的比率。

浮选时不可能将各种 K 值的矿物分开处理，而且在没有得到浮选结果前也无从知道同一种矿物的 K 值分布。因此，只能从浮选结果去反推矿物中 K 值的分布。这种方法为 K 值分布函数的复原。

积分复原法是以试验数据为基础，利用积分法对矿物 K 值分布函数进行复原的一种方法。对于某一浮选过程，可以逐次以较短的时间分批刮取泡沫。

由式（5-1）可以求出相应的 K_1，K_2，…，K_n，它们代表第一次、第二次、……、第 n 次刮出精矿的平均 K 值，与相应的回收率结合起来，则可知平均 K 值

为 K_1 的量占 ε_1，平均 K 值为 K_2 的量占 ε_2，…，则物料总的平均 K 值用加权平均法求得为：

$$K_{av} = \frac{\varepsilon_1 K_1 + \varepsilon_2 K_2 + \varepsilon_3 K_3 + \cdots + \varepsilon_n K_n}{\varepsilon_1 + \varepsilon_2 + \varepsilon_3 + \cdots + \varepsilon_n} = \frac{\sum_{i=1}^{n} \varepsilon_i K_i}{\sum_{i=1}^{n} \varepsilon_i}$$

假设某种成分在原矿中的 K 值服从 $f(K)$ 概率密度函数分布，则有

$$\int_0^\infty f(K) \, dk = 1 \tag{5-4}$$

$$\int_0^\infty K f(K) \, dk = K_{av} \tag{5-5}$$

式（5-4）表示所有各种 K 值的量加起来为 100%，式（5-5）表示整个物料 K 值的加权平均值。

$$\int_0^{K_{av}} f(K) \, dK = \int_{K_{av}}^\infty f(K) \, dK = 0.5 \tag{5-6}$$

根据式（5-6），还可以求出 $K_1 + K_2$ 的加权平均值：

$$(K_1 + K_2)_{av} = \frac{\varepsilon_1 K_1 + \varepsilon_2 K_2}{\varepsilon_1 + \varepsilon_2} \tag{5-7}$$

记为 K_{2av}。K_1，K_2 和 K_3 的加权平均值可记为 K_{3av}。

同理，也可以求出选别一次、二次至几次后槽内产品的平均 K 值，经各次选别后尾矿中可浮成分的平均 K 值，经各次选别后尾矿中可浮成分的平均 K 值分别记为 K_{xav1}，K_{xav2}，…

$$K_{xav1} = \frac{K_{av} - \varepsilon_1 K_1}{\varepsilon_\infty - \varepsilon_1} \tag{5-8}$$

$$K_{xav2} = \frac{K_{av} - (\varepsilon_1 K_1 + \varepsilon_2 K_2)}{\varepsilon_\infty - (\varepsilon_1 + \varepsilon_2)} \tag{5-9}$$

根据概率分布函数的特性

$$\int_{K_{av1}}^{K_\infty} f(K) \, dk = \varepsilon_1 / 2 \tag{5-10}$$

$$\int_{K_{av2}}^{K_\infty} f(K) \, dk = (\varepsilon_1 + \varepsilon_2) / 2 \tag{5-11}$$

由式（5-11）减去式（5-10）则可得

$$\int_{K_{av2}}^{K_{av1}} f(K) \, dk = \varepsilon_2 / 2 \tag{5-12}$$

同理可得到一系列方程:

$$\int_{K_{av1}}^{K_\infty} f(K)\,dk = \int_{K_{xav1}}^{K_{av}} f(K)\,dK = \varepsilon_1/2 \tag{5-13}$$

$$\int_{K_{av2}}^{K_{av1}} f(K)\,dk = \int_{K_{xav2}}^{K_{xav1}} f(K)\,dK = \varepsilon_2/2 \tag{5-14}$$

$$\int_{K_{avn}}^{K_{av(n-1)}} f(K)\,dk = \int_{K_{xavn}}^{K_{xav(n-1)}} f(K)\,dK = \varepsilon_n/2 \tag{5-15}$$

根据上面的方程组,及逐次接取精矿的回收率和浮选速度常数,可以得到一个 K 值从 0 到 K_∞ 之间的离散型概率分布原型,如图 5-5 所示。刮取精矿次数越多,即 n 越大,则 ε 值越小,在概率分布密度上所占的比率越不明显。为得到大致逼近原概率分布的原型,开始接取精矿的时间间隔应较短,若各次精矿量太少时,可合并计算,一般取到三四次就够了,从理论上说似乎存在 K 值的无穷大,但实际上 K 值是有限的,因为即或第一次接取泡沫的时间取得极短,K_1 值很大,但它仍然是一个可算出的有限值。

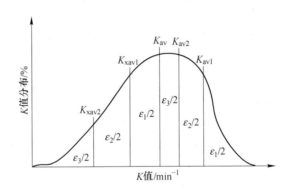

图 5-5 K 值积分复原示意图

蓝晶石、石英与黑云母的浮选过程 K 值的分布采用上述积分复原法进行分析,三种矿物的浮选速率常数分布计算结果如图 5-6 所示。

从图 5-6 中可以看出,无抑制剂 AP 作用时矿物浮选速率常数分布范围较宽,蓝晶石矿 K 值分布在 $0 \sim 3.5\mathrm{min}^{-1}$,$2.45 \sim 2.92\mathrm{min}^{-1}$ 占 37.35%,$0 \sim 1.29\mathrm{min}^{-1}$ 占 19.96%,$1.93 \sim 2.45\mathrm{min}^{-1}$ 占 18.23%,$2.92 \sim 3.50\mathrm{min}^{-1}$ 占 15.62%,$1.29 \sim 1.93\mathrm{min}^{-1}$ 占 8.84%;石英的 K 值分布在 $0 \sim 6.35\mathrm{min}^{-1}$,$2.62 \sim 4.76\mathrm{min}^{-1}$ 占 79.66%,$0 \sim 2.62\mathrm{min}^{-1}$ 占 15.60%,$4.76 \sim 6.35\mathrm{min}^{-1}$ 占 4.74%;黑云母的 K 值分布在 $0 \sim 5.58\mathrm{min}^{-1}$,$0 \sim 1.02\mathrm{min}^{-1}$ 占 60.64%,$1.02 \sim 2.59\mathrm{min}^{-1}$ 占 28.50%,$2.59 \sim 5.58\mathrm{min}^{-1}$ 占 10.86%。

加入抑制剂 AP 后矿物的浮选速率常数分布范围变窄,蓝晶石 K 值分布在

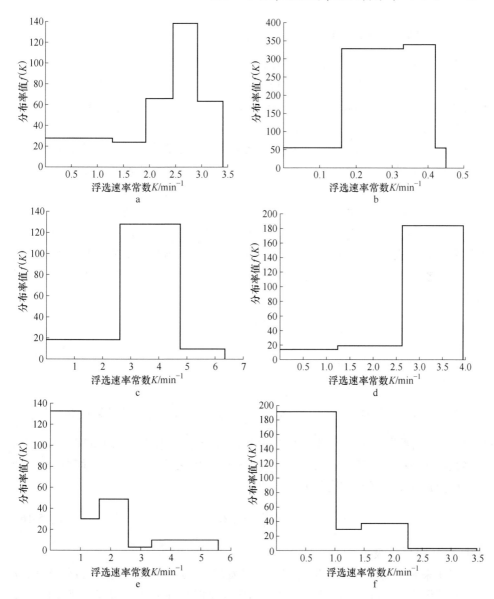

图 5-6 矿物浮选速率常数分布

a—蓝晶石无抑制剂 AP；b—蓝晶石抑制剂 AP 20mg/L；c—石英无抑制剂 AP；
d—石英抑制剂 AP 20mg/L；e—黑云母无抑制剂 AP；f—黑云母抑制剂 AP 20mg/L

$0 \sim 0.45 \mathrm{min}^{-1}$，$0 \sim 0.16 \mathrm{min}^{-1}$ 占 8.94%，$0.16 \sim 0.45 \mathrm{min}^{-1}$ 占 91.06%；石英的 K 值分布在 $0 \sim 3.95 \mathrm{min}^{-1}$，$0 \sim 2.62 \mathrm{min}^{-1}$ 占 15.96%，$2.62 \sim 3.95 \mathrm{min}^{-1}$ 占 84.04%；黑云母的 K 值分布在 $0 \sim 3.45 \mathrm{min}^{-1}$，$0 \sim 1.02 \mathrm{min}^{-1}$ 占 79.93%，$1.02 \sim 1.45 \mathrm{min}^{-1}$ 占 5.27%，$1.45 \sim 3.45 \mathrm{min}^{-1}$ 占 14.80%。

5.4　浮选动力学模型建立

在浮选过程中矿粒与气泡的作用是复杂的动力学过程。当两者接触到一定距离时，在外力和表面力作用下，矿粒-气泡之间水化层减薄、破裂，最终形成三相接触周边而黏着。固着在气泡上的矿粒是不稳定的，当由矿粒自身的惯性力和液流黏滞力等造成的脱落力大于附着力时，黏着的矿粒会从气泡上脱落。

实际上，浮选动力学方程是在模拟化学反应动力学的基础上推导出来的。化学反应动力学研究的内容是原子间、分子间或离子间的反应速率，而浮选过程涉及的是气泡和矿粒间有相互作用。就粒子间的相互作用而言，可以认为浮选过程与化学反应是相似的，所以浮选动力学方程可以从化学反应动力学方程来类推。

对浮选动力学研究比较多的是采用那个多维单相浮选模型，卡西-赞尼格和别罗格拉卓夫将化学过程中的物质反应定律应用于浮选过程，作为建立浮选动力学模型的基础，提出的浮选动力学模型属于一级浮选速率模型，其基本形式为：

$$- \frac{\mathrm{d}C}{\mathrm{d}t} = KC$$

式中　C——浮选矿物浓度；

　　　K——浮选速率常数。

为了验证一级浮选动力学，许多学者做了大量试验，将试验结果按 $\lg \frac{1}{1-R} - t$ 作图，发现有些数据曲线呈非线性，主要是由于浮选过程的作用机理非常复杂，大多数浮选过程并不符合一级速率过程，可尝试用化学反应的动力学理论解释浮选，即浮选速率与矿物浓度的 n 次方成正比，

$$- \frac{\mathrm{d}C}{\mathrm{d}t} = KC^n \tag{5-16}$$

式中　n——反应级数。

多年来对 n 值进行了大量研究，结果发现，n 可为整数，也可为非整数，n 的大致范围为 $1 \leqslant n \leqslant 6$，在建立浮选动力学模型时往往采用一级或二级反应。以上所提出的浮选动力学模型均认为浮选速率常数为一恒定值。从 20 世纪 60 年代开始，许多研究者认识到浮选过程与化学反应过程存在区别。

影响浮选速率常数 K 的因素很多，由于粒度不同、捕收剂吸附的不均匀性以及表面性质的差异等原因，在同种矿物浮选中 K 值往往是不断变化的，主要有两种观点：一种是认为目的矿物的品级分布是连续的，因而其浮选速率常数分布也是连续的；一种是将目的矿物分为几个品级，认为各品级的浮选速率常数是离散分布的，最常见的离散型浮选速率常数模型是三参数快慢浮选速率常数模型。

1963 年日本学者今泉常正和井上外志雄提出同一种矿物具有不同 K 值分布规律，并指出 K 值的变化是由于各种不同 K 值的同一种物料不同的分布产生的；在 1965 年，伍德本和罗弗第提出同一种矿物中 K 值的分布基本上服从 Γ-函数分布；在 1970 年鲍尔和富尔斯特瑙则提出速率常数 K 值变化存在着非线性的关系，对任意一个非线性曲线均可采用一个三次式来拟合，其表达式为：$F(k) = a + bk + ck^2 + dk^3$；之后陈子鸣在对白银有色金属公司的矿物进行研究后得出结论：K 值的变化规律近似于 β-函数分布。由此，不少研究者均在一级或 n 级浮选速率模型的基础上，致力于浮选速率常数分布模型研究，具有代表性的主要有：

经典一级模型：
$$\varepsilon = \varepsilon_{\max}[1 - \exp(-kt)]$$

一级矩阵分布模型：
$$\varepsilon = \varepsilon_{\max}\left\{1 - \frac{1}{Kt}[1 - \exp(-Kt)]\right\}$$

二级动力学模型：
$$\varepsilon = \frac{\varepsilon_{\max}^2 kt}{1 + \varepsilon_{\max}kt}$$

二级矩形分布模型：
$$\varepsilon = \varepsilon_{\max}\left[1 - \frac{1}{Kt}\ln(1 + Kt)\right]$$

哥利科夫模型：
$$\varepsilon = \varepsilon_0(1 - e^{-\frac{t}{a+bt}})$$

陈子鸣模型：
$$\varepsilon = \varepsilon_0\left\{1 - e^{-[kL(1-e^{-t(t-1)})+kL]}\right\}$$

刘逸超模型：
$$\varepsilon = \varepsilon_0\left\{1 - \exp\left[-\frac{k}{G}(1 - e^{-Gt})\right]\right\}$$

许长连模型：
$$\varepsilon = \varepsilon_0[1 - (1 + ct)^{-\frac{km}{c}}]$$

在浮选过程矿浆和泡沫实质上为两个各不相同的相，在 1966 年，哈曼斯和瑞曼提出两相浮选动力学模型，即把浮选过程视为泡沫相和矿浆相两部分，分别在不同的相中建立浮选模型，然后将它们综合起来。两相浮选动力学模型也同样经历了由一级速率模型到 n 级速率模型，直至分布参数模型的发展过程。1978 年哈瑞斯在两相模型的基础上，进一步把矿浆层或泡沫层分为多相，从而提出了三相模型或多相模型，胡伯-帕纽及其他学者利用概率理论对一些浮选过程的参数做了进一步的假设，从而提出了概率模型。

浮选是一个复杂的物理或物理化学反应的三相及多维变化的过程，并且，随着数学和计算机的发展，浮选动力学的研究深度和精确性也越来越高，目前，对于浮选动力学的研究正从不同的角度和不同的观点进行深入。

为了方便起见，本书对加入苛性淀粉后三种矿物的浮选回收率与浮选时间进行数据拟合，研究采用了四种经典的浮选动力学模型，分别为经典的一级动力学模型（M1）、一级矩形分布模型（M2）、二级动力学模型（M3）、二级矩形分布模型（M4）。

5.5 数据拟合分析

在上节所列试验数据的基础上，使用 MATLAB 软件通过对分批刮泡浮选试验数据进行非线性拟合，找出最佳浮选动力学模型，并确定浮选动力学参数与浮选因素之间的关系。

MATLAB 软件是美国 Math Works 公司在 20 世纪 80 年代中期开发的数学软件，是当前现代科学计算与工程计算的一种最优秀的计算语言，它集科技计算与图形于一身，涵盖了高等数学、矩阵原理、数值计算、数理统计、最优化方法、神经网络、控制理论以及数学建模、系统仿真等许多经典数学和现代数学问题。

MATLAB 软件可用于算法开发、数据可视化、数据分析以及数值计算的高级技术计算语言和交互式环境，现已成为世界流行的优秀科学计算软件之一。MATLAB 优化工具箱提供了线性、非线性最小化、方程求解、曲线拟合、二次规划等方面大型课题的求解方法。本书主要利用 MATLAB 软件对试验数据进行了非线性拟合。

根据浮选动力学研究中常用的四种经典模型，应用 MATLAB 非线性最小二乘拟合函数 lsqcurvefit 对原始数据（表 5-2 中加入淀粉数据）进行拟合，拟合出各个模型的模型参数，R^2 表示相关系数，浮选数据拟合结果见表 5-2，用决定系数最小的拟合方程采用 MATLAB 软件绘出拟合曲线，如图 5-7 所示。

表 5-2 矿物浮选动力学模型拟合结果

矿物	模型	函数表达式	R^2
蓝晶石	M1	$\varepsilon = 0.053[1 - \exp(-0.47t)]$	0.96
	M2	$\varepsilon = 0.053\left\{1 - \dfrac{1}{0.78t}[1 - \exp(-0.78t)]\right\}$	0.88
	M3	$\varepsilon = \dfrac{0.053^2 \times 4.56t}{1 + 0.053 \times 4.56t}$	0.84
	M4	$\varepsilon = 0.053\left\{1 - \dfrac{1}{0.85t}[\ln(1 + 0.85t)]\right\}$	0.87
石英	M1	$\varepsilon = 0.88[1 - \exp(-3.63t)]$	0.97
	M2	$\varepsilon = 0.88\left\{1 - \dfrac{1}{4.22t}[1 - \exp(-4.22t)]\right\}$	0.95
	M3	$\varepsilon = \dfrac{0.88^2 \times 4.93t}{1 + 0.88 \times 4.93t}$	0.92
	M4	$\varepsilon = 0.88\left[1 - \dfrac{1}{9.26t}\ln(1 + 9.26t)\right]$	0.86
黑云母	M1	$\varepsilon = 0.69[1 - \exp(-2.98t)]$	0.98
	M2	$\varepsilon = 0.69\left\{1 - \dfrac{1}{3.15t}[1 - \exp(-3.15)]\right\}$	0.92
	M3	$\varepsilon = \dfrac{0.69^2 \times 4.81t}{1 + 0.69 \times 4.81t}$	0.87
	M4	$\varepsilon = 0.69\left[1 - \dfrac{1}{3.57t}\ln(1 + 3.57t)\right]$	0.80

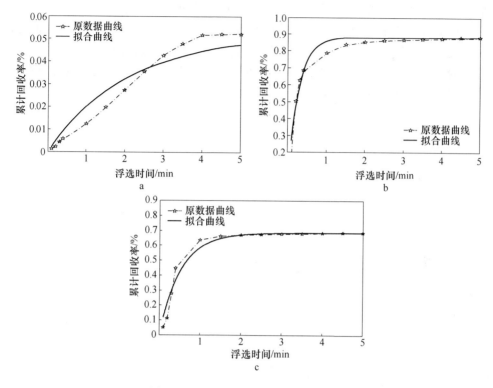

图 5-7　矿物浮选累计回收率拟合曲线

a—蓝晶石；b—石英；c—黑云母

图 5-7 中虚线是原始试验数据曲线，实线是拟合的曲线，从图中可以看出，石英与黑云母的决定系数较高，而蓝晶石相对稍低一些。

石英、黑云母、蓝晶石的累计回收率拟合值域试验值相关性 R^2 分别为 0.97、0.98 和 0.96，表明模型拟合精度较高，可模拟矿物的浮选过程。

5.6　本章小结

（1）以十二胺为捕收剂，pH = 6.5 时，石英、黑云母和蓝晶石存在一定的浮游性差异。十二胺对蓝晶石的可浮性影响较小，而对石英及黑云母的影响较大，矿物可浮性顺序为石英 > 黑云母 > 蓝晶石。加入抑制剂 AP 后，石英及黑云母仍保持较好的浮游性，而蓝晶石的浮游性较差，可较好地实现蓝晶石与其他矿物之间的浮选分离。

（2） K 值在浮选过程中是不断变化的，加入调整剂后 K 值分布范围明显变窄。无调整剂时，石英、黑云母与蓝晶石之间的平均 K 值相比分别为 1.63、1.24，加入抑制剂 AP 后，平均值之比变为 10.81、8.59。可见，以十二胺为捕收剂，添加适量的抑制剂 AP 可显著扩大矿物浮游速度之间的差异。

（3）采用四种经典的浮选动力学模型对三种矿物的浮选过程进行了拟合，采用经典的浮选—级动力学进行模拟，拟合后的石英、黑云母及蓝晶石模型回收率拟合值与试验值相关性 R^2 分别为 0.97、0.98 和 0.96，表明模型拟合精度较高，可模拟矿物的浮选过程。

6 蓝晶石矿物的浮选机理

研究浮选药剂与矿物表面作用机理是浮选分离基础理论的重要内容，有关这类文献也非常多。它不仅有助于人们对矿物浮选分离体系和分离过程能有比较深刻的认识，更为重要的是能为实际生产以及新工艺和新药剂的开发提供理论指导。目前，有关蓝晶石矿在中性条件下反浮选分离过程中药剂在矿物表面的作用机理研究很少报道。本章主要是通过浮选溶液化学计算、药剂吸附量测定、矿物动电位测定、玻耳兹曼关于矢量场中的粒子分布理论计算、红外光谱测试等手段，在中性条件下金属阳离子（Ca^{2+}、Mg^{2+}、Al^{3+}、Fe^{3+}）以及苛性淀粉对蓝晶石、石英以及黑云母三种矿物表面作用机理进行研究。

6.1 金属阳离子的溶液化学分析及作用机理

6.1.1 金属阳离子的溶液化学分析

浮选过程中，矿浆溶液中金属离子的赋存状态及物理化学行为是很重要的。一方面，许多金属离子是浮选剂（活化剂或抑制剂）的有效组分；另一方面，从矿物溶解下来或水中存在的金属离子也常常影响浮选过程。在矿物浮选过程中，多价金属阳离子对硅酸盐矿物的活化和抑制作用，与金属阳离子在溶液中水解组分或沉淀生成物在矿物表面的吸附有关。因此，研究各种金属阳离子的溶液化学，得出金属阳离子在特定 pH 值时在溶液中的优势组分，对于分析金属阳离子在矿物表面的吸附作用机理具有重要意义。

金属阳离子在溶液中发生水解反应，生成各种羟基络合物，各组分的浓度可通过溶液平衡关系求得。

金属阳离子在水溶液中的水化平衡如下所示：

$$M^{m+} + OH^- \rule[0.5ex]{1.5em}{0.4pt}\rule[0.3ex]{1.5em}{0.4pt} MOH^{m-1}, \quad \beta_1 = \frac{[MOH^{m-1}]}{[M^{m+}][OH^-]} \tag{6-1}$$

$$M^{m+} + 2OH^- \rule[0.5ex]{1.5em}{0.4pt}\rule[0.3ex]{1.5em}{0.4pt} M(OH)_2^{m-2}, \quad \beta_2 = \frac{[M(OH)_2^{m-2}]}{[M^{m+}][OH^-]^2} \tag{6-2}$$

$$\vdots$$

$$M^{m+} + nOH^- \rule[0.5ex]{1.5em}{0.4pt}\rule[0.3ex]{1.5em}{0.4pt} M(OH)_n^{m-n}, \quad \beta_n = \frac{[M(OH)_n^{m-n}]}{[M^{m+}][OH^-]^n} \tag{6-3}$$

式中 β_1，β_2，$\cdots$，β_n——积累稳定常数。

设 C_T 代表溶液中各组分浓度之和，则

$$C_T = [M^{m+}] + [MOH^{m-1}] + [M(OH)_2^{m-2}] + \cdots + [M(OH)_n^{m-n}]$$

$$= [M^{m+}](1 + \beta_1[OH^-] + \beta_2[OH^-]^2 + \cdots + \beta_n[OH^-]^n) \quad (6-4)$$

定义副反应系数 α_M 为：

$$\alpha_M = \frac{C_T}{[M^{m+}]} = 1 + \beta_1[OH^-] + \beta_2[OH^-]^2 + \cdots + \beta_n[OH^-]^n \quad (6-5)$$

各组分的浓度为：

$$[M^{m+}] = \frac{C_T}{\alpha_M} = \frac{C_T}{1 + \beta_1[OH^-] + \beta_2[OH^-]^2 + \cdots + \beta_n[OH^-]^n} \quad (6-6)$$

$$\lg[M^{m+}] = \lg C_T - \lg(1 + \beta_1[OH^-] + \beta_2[OH^-]^2 + \cdots + \beta_n[OH^-]^n) \quad (6-7)$$

$$\lg[MOH^{m-1}] = \lg\beta_1 + \lg[M^{m+}] + \lg[OH^-] \quad (6-8)$$

$$\lg[M(OH)^{m-2}] = \lg\beta_2 + \lg[M^{m+}] + 2\lg[OH^-] \quad (6-9)$$

$$\vdots$$

$$\lg[M(OH)_n^{m-n}] = \lg\beta_n + \lg[M^{m+}] + n\lg[OH^-] \quad (6-10)$$

溶液中，金属离子形成氢氧化物沉淀时，各组分与 $M(OH)_{m(s)}$ 处于平衡：

$$M(OH)_{m(s)} \Longrightarrow M^{m+} + mOH^-, \quad K_{s0} = [M^{m+}][OH^-]^m \quad (6-11)$$

$$M(OH)_{m(s)} \Longrightarrow MOH^{m-1} + (m-1)OH^-, \quad K_{s1} = [MOH^{m-1}][OH^-]^{m-1} \quad (6-12)$$

$$\vdots$$

$$M(OH)_{m(s)} \Longrightarrow M(OH)_n^{m-n} + (m-n)OH^-, \quad K_{sn} = [M(OH)_n^{m-n}][OH^-]^{m-n}$$

$$(6-13)$$

各组分的浓度为：

$$\lg[M^{m+}] = \lg K_{s0} - m\lg[OH^-]$$

$$\lg[MOH^{m-1}] = \lg K_{s1} + (1-m)\lg[OH^-]$$

$$\vdots$$

$$\lg[M(OH)_n^{m-n}] = \lg K_{sn} + (n-m)\lg[OH^-] \quad (6-14)$$

根据式(6-1)~式(6-14)可以计算出各种金属阳离子水解组分的浓度与 pH 值的关系，并绘出 $\lg C$-pH 图。通过计算本书绘出 1.09×10^{-4} mol/L Ca^{2+}、1.25×10^{-4} mol/L Mg^{2+}、1.15×10^{-4} mol/L Pb^{2+}、2.25×10^{-4} mol/L Cu^{2+}、1.25×10^{-4} mol/L Fe^{3+}、3.75×10^{-5} mol/L Al^{3+} 各水解组分的浓度对数图，如图 6-1~图 6-6 所示，可以看出，在一定浓度下介质 pH 值条件决定了金属阳离子各种水解组分中何种组分占优势。

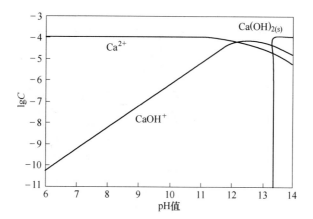

图 6-1 Ca²⁺溶液各组分的 lgC-pH 图 （$C_T = 1.09 \times 10^{-4} mol/L$）

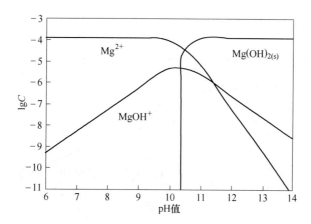

图 6-2 Mg²⁺溶液各组分的 lgC-pH 图 （$C_T = 1.25 \times 10^{-4} mol/L$）

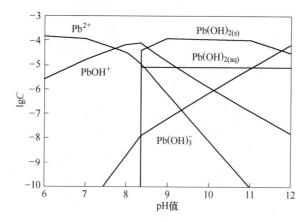

图 6-3 Pb²⁺溶液各组分的 lgC-pH 图 （$C_T = 1.15 \times 10^{-4} mol/L$）

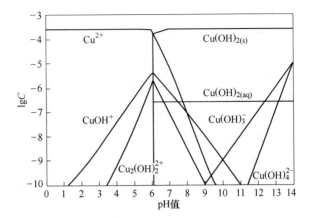

图 6-4 Cu^{2+} 溶液各组分的 lg$C$-pH 图 ($C_T = 2.25 \times 10^{-4}$ mol/L)

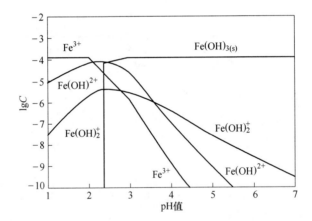

图 6-5 Fe^{3+} 溶液各组分的 lg$C$-pH 图 ($C_T = 1.25 \times 10^{-4}$ mol/L)

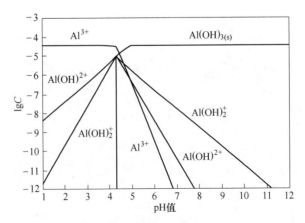

图 6-6 Al^{3+} 溶液各组分的 lg$C$-pH 图 ($C_T = 3.75 \times 10^{-5}$ mol/L)

如图 6-1～图 6-6 所示，当 pH < 13.37 时 Ca^{2+} 主要以 Ca^{2+} 的形式存在，当 pH > 13.37 时 Ca^{2+} 主要以 $Ca(OH)_{2(s)}$ 形式存在；当 pH < 10.38 时 Mg^{2+} 主要以 Mg^{2+} 的形式存在，当 pH > 10.38 时 Mg^{2+} 主要以 $Mg(OH)_{2(s)}$ 形式存在；当 pH < 8.36 时 Pb^{2+} 主要以 Pb^{2+} 的形式存在，当 pH > 8.36 时 Pb^{2+} 主要以 $Pb(OH)_{2(s)}$ 形式存在；当 pH < 6.10 时 Cu^{2+} 主要以 Cu^{2+} 的形式存在，当 pH > 6.10 时 Cu^{2+} 主要以 $Cu(OH)_{2(s)}$ 形式存在；当 pH < 2.42 时 Fe^{3+} 主要以 Fe^{3+} 的形式存在，当 pH > 2.42 时 Fe^{3+} 主要以 $Fe(OH)_{3(s)}$ 形式存在；当 pH < 4.31 时 Al^{3+} 主要以 Al^{3+} 的形式存在，当 pH > 4.31 时 Al^{3+} 主要以 $Al(OH)_{3(s)}$ 形式存在。

在十二胺浮选体系中，对蓝晶石与石英矿物浮选有抑制作用的是三价金属阳离子 Fe^{3+}、Al^{3+}，二价金属阳离子 Mg^{2+}、Ca^{2+} 对蓝晶石的浮选有活化作用，Pb^{2+} 和 Cu^{2+} 对三种矿物的浮选基本没有影响，同时 Fe^{3+}、Al^{3+} 在捕收剂十二胺之前添加要强于在捕收剂之后添加对蓝晶石、石英浮选的抑制效果。

Fe^{3+}、Al^{3+} 离子属于高电价小半径的金属阳离子，成键时可采取 sp^3d^2 杂化轨道接受氧的孤对电子。Fe^{3+}、Al^{3+} 起抑制作用的机理，首先是在 pH = 6～7 左右，矿物表面上生成的沉淀是 $Fe(OH)_{3(s)}$ 和 $Al(OH)_{3(s)}$，矿物浮选受到强烈的抑制，同时金属阳离子在矿物表面吸附后提高了矿物表面的电性，使十二胺捕收剂的静电吸附力减弱，吸附量减少，使矿物的浮选得到抑制；其次是由于硅酸盐矿物在多价金属阳离子作用下，可以使矿物界面层内的捕收剂阳离子浓度大大降低，从而减弱了捕收剂对矿物的捕收作用。

Mg^{2+}、Ca^{2+} 在 pH = 6～7 左右，Ca^{2+} 主要以 Ca^{2+} 以及 $CaOH^+$ 形式存在，Mg^{2+} 主要以 Mg^{2+} 以及 $MgOH^+$ 形式存在，$Ca(OH)_{2(s)}$ 与 $Mg(OH)_{2(s)}$ 沉淀还没有形成。由于金属离子的羟基络合物存在，使蓝晶石、石英矿物的零电点向低 pH 值方向发生了漂移，降低了矿物表面的电性，使十二胺的静电吸附力增强，起到了活化作用。

6.1.2　金属阳离子对蓝晶石矿物表面电性的影响

矿浆中常常含有一些难免离子，如 Ca^{2+}、Mg^{2+}、Al^{3+} 和 Fe^{3+} 等，另外矿物本身也可能发生溶解作用而释放一些金属阳离子于矿浆中，这些离子在矿物表面的吸附，可改变矿物表面的电性，使矿物零电点发生漂移，从而使矿物的浮游性发生改变，因此研究这些金属离子对三种矿物表面电性的影响规律具有理论和实际意义。

为进一步研究金属离子对蓝晶石矿物可浮性的影响，采用 Zeta 电位及粒度分析仪测定了金属离子作用前后矿物表面电动电位的变化。

根据单矿物浮选试验结果，Ca^{2+} 和 Mg^{2+} 对蓝晶石、石英起到活化作用，对黑云母不明显，而且 Ca^{2+} 和 Mg^{2+} 对蓝晶石、石英活化作用相近、机理相同，故

仅研究 Ca^{2+}（$CaCl_2$:1.09×10^{-4}mol/L）对蓝晶石和石英的活化作用机理。图 6-7 所示为 Ca^{2+} 作用前后矿物表面电动电位随溶液 pH 值的变化曲线。

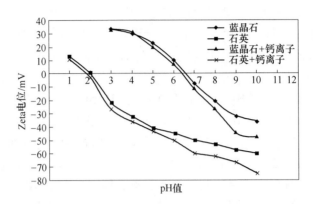

图 6-7　Ca^{2+} 作用前后矿物表面电动电位随溶液 pH 值的变化曲线

从图 6-7 可知，通过与纯水中矿物的电动电位进行对比发现，与 Ca^{2+} 作用后蓝晶石和石英零电点都向低 pH 值方向发生了漂移，但漂移的幅度都不大。从而表明，与 Ca^{2+} 作用后矿物表面电动电位向负值偏移，从增强了阳离子捕收剂与蓝晶石和石英的吸附作用，从而起到了活化作用。

从图中 6-7 还可看出，与 Ca^{2+} 作用后可以使蓝晶石和石英矿物表面电动电位的值减小，但却无法使电动电位变号。根据双电层理论可知，Ca^{2+} 主要起到压缩矿物表面双电层厚度的作用，而 Ca^{2+} 主要集中于双电层中的扩散层。

根据单矿物浮选试验结果，Al^{3+} 和 Fe^{3+} 对蓝晶石、石英及黑云母均起到不同程度的抑制作用，因此本书以 Fe^{3+} 为例，研究了 Fe^{3+}（$FeCl_3$:6.50×10^{-5}mol/L）对蓝晶石矿物的抑制作用机理。

图 6-8 所示为 Fe^{3+} 作用前后矿物表面电动电位随溶液 pH 值的变化曲线。

由图 6-8 可见，蓝晶石、石英及黑云母三种矿物在 $FeCl_3$ 作用后，Zeta 电位变化的基本规律相似。在酸性条件下先向正值方向变化，随着 pH 值的提高，再由正值向负值方向变化，零电点均移至 $7.0 \sim 8.0$ 之间，说明 Fe^{3+} 对三种矿物 Zeta 电位的抑制作用无明显的选择性，即这三种矿物均能较好地吸附 Fe^{3+}。

同时也可以看出，金属阳离子在矿物表面吸附后均提高了矿物表面的电性，使十二胺捕收剂的静电吸附力减弱，在矿物表面的吸附量减少，使矿物的浮选得到抑制。同时结果还表明，Fe^{3+} 及其水解组分能在三种矿物表面发生特性吸附。

6.1.3　金属阳离子对蓝晶石矿物作用前后 RNH_3^+ 浓度变化分析

本书根据金属离子对各种矿物作用前后在任何 pH 值对液相内部胺离子（RNH_3^+）浓度、界面层胺离子的浓度及它们之间的比例关系，分析各种金属离

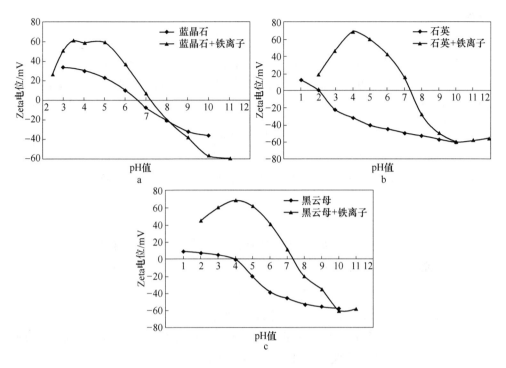

图 6-8 Fe^{3+} 作用前后矿物表面电动电位随溶液 pH 值的变化曲线

a—蓝晶石；b—石英；c—黑云母

子的活化或抑制作用。

矿物表面因带电荷形成一个无源、无旋的位势静电场，此位势静电场由远距离作用的静电力和近距离作用的吸附力及化学交换力构成。在浮选药剂的分子和离子达到矿物表面之前，首先受到远距离电场力的作用，然后受到近距离作用力的作用。在矿物表面电场的作用下，在界面层产生液相离子、分子的重新分布。可以采用玻耳兹曼关于矢量场中的粒子分布理论确定矿物表面附近离子浓度的变化：

$$C_s = C_0 \exp(-\varphi F/RT) \tag{6-15}$$

式中　C_s——矿物表面附近离子浓度，mol/L；

　　　C_0——液相体相内部离子浓度，mol/L；

　　　F——法拉第常数，96500C；

　　　R——气体常数，8.314J/(mol·K)；

　　　T——绝对温度，K；

　　　φ——矿物表面电位，V。

对于矿物表面区和液相内部药剂离子的浓度差也可以由式（6-15）得到如下

形式：

$$\Delta C_s = 2C_0 \mathrm{sh}[\varphi F/(RT)] \tag{6-16}$$

如果已知液相内部药剂离子浓度，可通过式（6-16）计算出矿物界面层的药剂离子浓度。但式中的矿物表面电位有时不容易测得，对于硅酸盐矿物和氧化矿物可由式（6-17）计算：

$$\varphi = \frac{RT}{nF}\ln \frac{[\alpha_{\mathrm{H}^+}]}{[\alpha_{\mathrm{H}^+}]_{\mathrm{pzc}}} \tag{6-17}$$

式中　n——定位离子的价数，对于硅酸盐矿物的定位离子是 H^+ 或 OH^-，故 $n=1$；

　　$[\alpha_{\mathrm{H}^+}]$——定位离子 H^+ 的活度；

　　$[\alpha_{\mathrm{H}^+}]_{\mathrm{pzc}}$——零电点处定位离子 H^+ 的活度，当溶液很稀时即为浓度。

把各常数代入式（6-17），可得出硅酸盐矿物表面电位的计算公式：

$$\varphi = 0.059(\mathrm{pH}_{\mathrm{pzc}} - \mathrm{pH})$$

式中　$\mathrm{pH}_{\mathrm{pzc}}$——硅酸盐矿物零电点时的 pH 值；

　　pH——对应于所求 φ 时的溶液 pH 值，根据公式可以计算出在不同的 pH 值条件下各种矿物的表面电位。

由十二胺体系中 Fe^{3+} 对石英的抑制作用试验可知，石英在 $1.25 \times 10^{-4}\mathrm{mol/L}$ Fe^{3+} 作用后，用 $6.50 \times 10^{-5}\mathrm{mol/L}$ 十二胺浮选时在 pH = 6~7 时 Fe^{3+} 对石英具有很强的抑制作用。因此可以通过计算 pH = 6 时 Fe^{3+} 作用前后胺离子在矿物界面浓度的变化来说明 Fe^{3+} 对石英的抑制作用。

根据实测石英的零电点 $\mathrm{pH}_{\mathrm{pzc}}$ 为 2.2，故 pH = 6 时，Fe^{3+} 作用前石英的表面电位为：

$$\varphi = 0.059(\mathrm{pH}_{\mathrm{pzc}} - \mathrm{pH}) = 0.059 \times (2.2 - 6) = -0.2242\mathrm{V} \tag{6-18}$$

由十二胺的对数浓度图可知，在 pH < 9.5 的广大区域内，胺均以离子形态存在，故 pH = 6 时，$[\mathrm{RNH}_3^+] \gg [\mathrm{RNH}_2]$，胺分子可以忽略，所以 $C_0 = 6.50 \times 10^{-5}$ mol/L，把 φ 值代入 C_s 可得：

$$C_s = C_0 \exp[-\varphi F/(RT)]$$

$$= 6.5 \times 10^{-5} \exp[0.2242 \times 96500/(8.314 \times 298)]$$

$$= 0.402\mathrm{mol/L}$$

故 Fe^{3+} 作用前 $C_s/C_0 = 6184.60$，即界面层内 RNH_3^+ 离子浓度是液相体积内部的 6184.60 倍。Fe^{3+} 作用后，石英的零电点 $\mathrm{pH}_{\mathrm{pzc}}$ 漂移至 7.15，故 pH = 6 时，石英表面电位为：

$$\varphi' = 0.059(\text{pH}_{\text{pzc}} - \text{pH}) = 0.059(7.15 - 6) = 0.0679\text{V}$$

$$\begin{aligned} C'_s &= C_0 \exp[-\varphi' F/(RT)] \\ &= 6.5 \times 10^{-5} \exp[-0.0679 \times 96500/(8.314 \times 298)] \\ &= 4.6 \times 10^{-6}\text{mol/L} \end{aligned}$$

故 Fe^{3+} 作用后 $C'_s/C_0 = 0.071$，$C'_s/C_s = 4.6 \times 10^{-6}/0.402 = 1.14 \times 10^{-5}$，即 Fe^{3+} 作用后石英界面层内 RNH_3^+ 离子浓度是 Fe^{3+} 作用前 RNH_3^+ 离子浓度的 1/87719。说明 Fe^{3+} 作用后，石英界面层内 RNH_3^+ 离子浓度大大降低，因此 pH = 6 时 Fe^{3+} 对石英具有强烈的抑制作用。

通过上述方法可以求出石英、黑云母、蓝晶石三种矿物在 Ca^{2+}、Mg^{2+}、Fe^{3+} 以及 Al^{3+} 作用的任何 pH 值条件下，界面 RNH_3^+ 离子浓度及其液相内部 RNH_3^+ 浓度之间的比例关系，见表 6-1 ~ 表 6-9，其中 C_s 表示金属阳离子作用前界面 RNH_3^+ 浓度，C_0 为液相体积内部 RNH_3^+ 浓度，C'_s 表示金属阳离子作用后界面 RNH_3^+ 浓度。

表 6-1　Fe^{3+} 作用前后石英界面层 RNH_3^+ 的浓度（十二胺浓度：$C_0 = 6.50 \times 10^{-5}\text{mol/L}$）

pH 值	3	4	5	6	7	8
$C_s/\text{mol} \cdot \text{L}^{-1}$	4.09×10^{-4}	4.07×10^{-3}	0.041	0.402	4.01	40.01
C_s/C_0	6.29	62.60	623.08	6184.60	6.20×10^4	6.15×10^5
$C'_s/\text{mol} \cdot \text{L}^{-1}$	4.69×10^{-9}	4.67×10^{-8}	4.65×10^{-7}	4.60×10^{-6}	4.60×10^{-5}	4.60×10^{-4}
C'_s/C_0	7.21×10^{-5}	7.18×10^{-4}	7.15×10^{-3}	7.10×10^{-2}	0.708	7.05

从表 6-1 可知，Fe^{3+} 作用前后，pH 值每增加 1，界面层 RNH_3^+ 的浓度及其与液相内部 RNH_3^+ 的浓度之比增加 10 倍。Fe^{3+} 作用前，在 pH = 3 ~ 8 时界面层内 RNH_3^+ 的浓度均远大于液相内部 RNH_3^+ 的浓度；而在 Fe^{3+} 作用后，在 pH < 7 的范围内，界面层内 RNH_3^+ 的浓度均小于液相内部 RNH_3^+ 的浓度，因此在 pH < 7 的条件下 Fe^{3+} 对石英具有抑制作用，但是在 pH = 6 ~ 7 之间抑制作用较弱，这与前面单矿物试验结果相吻合。

表 6-2　Fe^{3+} 作用前后蓝晶石界面层 RNH_3^+ 的浓度（十二胺浓度：$C_0 = 6.50 \times 10^{-5}\text{mol/L}$）

pH 值	3	4	5	6	7	8
$C_s/\text{mol} \cdot \text{L}^{-1}$	1.32×10^{-8}	1.31×10^{-7}	1.31×10^{-6}	1.30×10^{-5}	1.30×10^{-4}	1.29×10^{-3}
C_s/C_0	2.04×10^{-4}	2.00×10^{-3}	2.00×10^{-2}	0.199	2.00	19.8
$C'_s/\text{mol} \cdot \text{L}^{-1}$	8.3×10^{-10}	8.35×10^{-9}	8.34×10^{-8}	8.27×10^{-7}	8.21×10^{-6}	8.19×10^{-5}
C'_s/C_0	1.29×10^{-5}	1.28×10^{-4}	1.28×10^{-3}	1.27×10^{-2}	0.126	1.26

从表 6-2 可知，Fe^{3+} 作用前，在 pH = 3 ~ 6 时界面层内 RNH_3^+ 的浓度小于液相内部 RNH_3^+ 的浓度，pH = 7 ~ 8 时界面层内 RNH_3^+ 的浓度大于液相内部 RNH_3^+ 的浓度，而在 Fe^{3+} 作用后在 pH < 7 的范围内，界面层内 RNH_3^+ 的浓度均小于液相内部 RNH_3^+ 的浓度，因此在 pH < 7 的条件下 Fe^{3+} 对蓝晶石具有较强的抑制作用。

表 6-3 Fe^{3+} 作用前后黑云母界面层 RNH_3^+ 的浓度（十二胺浓度：$C_0 = 6.50 \times 10^{-5}$ mol/L）

pH 值	3	4	5	6	7	8
$C_s/\text{mol} \cdot \text{L}^{-1}$	6.48×10^{-4}	6.45×10^{-3}	6.41×10^{-2}	6.38×10^{-1}	6.34	63.35
C_s/C_0	9.97	99.65	9.86×10^3	9.82×10^4	9.75×10^5	9.75×10^6
$C_s'/\text{mol} \cdot \text{L}^{-1}$	4.09×10^{-4}	4.02×10^{-3}	3.99×10^{-2}	3.96×10^{-1}	3.92	39.19
C_s'/C_0	6.28	61.85	6.14×10^3	6.09×10^4	6.03×10^5	6.03×10^6

表 6-3 结果表明，Fe^{3+} 作用后黑云母矿物界面 RNH_3^+ 的浓度与 Fe^{3+} 作用前 RNH_3^+ 的浓度相近或具有相同的数量级，即 Fe^{3+} 并不能显著降低矿物表面 RNH_3^+ 的浓度，故 Fe^{3+} 对黑云母矿物的抑制作用很小。

同理可以得出，Al^{3+} 作用前后对三种矿物界面 RNH_3^+ 的浓度与液相 RNH_3^+ 的比例关系，Al^{3+} 对三种矿物的抑制效果与 Fe^{3+} 的作用效果类似。

表 6-4 Al^{3+} 作用前后石英界面层 RNH_3^+ 的浓度（十二胺浓度：$C_0 = 6.50 \times 10^{-5}$ mol/L）

pH 值	3	4	5	6	7	8
$C_s/\text{mol} \cdot \text{L}^{-1}$	4.09×10^{-4}	4.07×10^{-3}	0.041	0.402	4.01	40.01
C_s/C_0	6.29	62.60	623.08	6184.60	6.20×10^4	6.15×10^5
$C_s'/\text{mol} \cdot \text{L}^{-1}$	2.10×10^{-9}	2.06×10^{-8}	2.04×10^{-7}	2.02×10^{-6}	2.00×10^{-5}	1.95×10^{-4}
C_s'/C_0	3.23×10^{-5}	3.17×10^{-4}	3.14×10^{-3}	3.11×10^{-2}	0.308	3.00

将 Al^{3+} 对石英作用前后的数据与 Fe^{3+} 对石英作用前后的数据相比较，Al^{3+} 作用后石英表面矿物界面 RNH_3^+ 的浓度要低于 Fe^{3+} 作用后石英表面矿物界面 RNH_3^+ 的浓度，这解释了 Al^{3+} 对石英的抑制效果要比 Fe^{3+} 效果好的原因。

表 6-5 Al^{3+} 作用前后蓝晶石界面层 RNH_3^+ 的浓度（十二胺浓度：$C_0 = 6.50 \times 10^{-5}$ mol/L）

pH 值	3	4	5	6	7	8
$C_s/\text{mol} \cdot \text{L}^{-1}$	1.32×10^{-8}	1.31×10^{-7}	1.31×10^{-6}	1.30×10^{-5}	1.30×10^{-4}	1.29×10^{-3}
C_s/C_0	2.04×10^{-4}	2.00×10^{-3}	2.00×10^{-2}	0.199	2.00	19.8
$C_s'/\text{mol} \cdot \text{L}^{-1}$	6.45×10^{-10}	6.42×10^{-9}	6.39×10^{-8}	6.37×10^{-7}	6.36×10^{-6}	6.32×10^{-5}
C_s'/C_0	9.90×10^{-6}	9.88×10^{-5}	9.83×10^{-4}	9.80×10^{-3}	9.78×10^{-2}	0.972

表 6-6　Al^{3+} 作用前后黑云母界面层 RNH$_3^+$ 的浓度（十二胺浓度：$C_0 = 6.50 \times 10^{-5}$ mol/L）

pH 值	3	4	5	6	7	8
C_s/mol · L^{-1}	6.48×10^{-4}	6.45×10^{-3}	6.41×10^{-2}	6.38×10^{-1}	6.34	63.35
C_s/C_0	9.97	99.65	9.86×10^3	9.82×10^4	9.75×10^5	9.75×10^6
C_s'/mol · L^{-1}	3.75×10^{-4}	3.72×10^{-3}	3.70×10^{-2}	3.68×10^{-1}	3.71	37.02
C_s'/C_0	5.77	57.23	5.70×10^3	5.67×10^4	5.70×10^5	5.70×10^6

根据上述分析也可以得出 Ca^{2+} 作用前后对三种矿物界面 RNH$_3^+$ 的浓度与液相 RNH$_3^+$ 的比例关系，计算结果见表 6-7 ~ 表 6-9。从表 6-8 可知，Ca^{2+} 作用前，在 pH = 3 ~ 6 时界面层内 RNH$_3^+$ 的浓度小于液相内部 RNH$_3^+$ 的浓度，pH = 7 ~ 8 时界面层内 RNH$_3^+$ 的浓度大于液相内部 RNH$_3^+$ 的浓度，而在 Ca^{2+} 作用后在 pH < 7 的范围内，界面层内 RNH$_3^+$ 的浓度均大于液相内部 RNH$_3^+$ 的浓度，因此在 pH < 7 的条件下 Ca^{2+} 对蓝晶石具有活化作用。

表 6-7　Ca^{2+} 作用前后石英界面层 RNH$_3^+$ 的浓度（十二胺浓度：$C_0 = 6.50 \times 10^{-5}$ mol/L）

pH 值	3	4	5	6	7	8
C_s/mol · L^{-1}	4.09×10^{-4}	4.07×10^{-3}	0.041	0.402	4.01	40.01
C_s/C_0	6.29	62.60	623.08	6184.60	6.20×10^4	6.15×10^5
C_s'/mol · L^{-1}	6.48×10^{-4}	6.42×10^{-3}	6.40×10^{-2}	6.37×10^{-1}	6.33	63.25
C_s'/C_0	9.97	99.88	9.84×10^2	9.80×10^3	9.74×10^4	9.73×10^5

表 6-8　Ca^{2+} 作用前后蓝晶石界面层 RNH$_3^+$ 的浓度（十二胺浓度：$C_0 = 6.50 \times 10^{-5}$ mol/L）

pH 值	3	4	5	6	7	8
C_s/mol · L^{-1}	1.32×10^{-8}	1.31×10^{-7}	1.31×10^{-6}	1.30×10^{-5}	1.30×10^{-4}	1.29×10^{-3}
C_s/C_0	2.04×10^{-4}	2.00×10^{-3}	2.00×10^{-2}	0.199	2.00	19.8
C_s'/mol · L^{-1}	1.05×10^{-7}	1.03×10^{-6}	9.98×10^{-6}	9.93×10^{-5}	9.90×10^{-4}	9.85×10^{-3}
C_s'/C_0	1.62×10^{-3}	1.60×10^{-2}	1.54×10^{-1}	1.53	15.23	151.54

表 6-9　Ca^{2+} 作用前后黑云母界面层 RNH$_3^+$ 的浓度（十二胺浓度：$C_0 = 6.50 \times 10^{-5}$ mol/L）

pH 值	3	4	5	6	7	8
C_s/mol · L^{-1}	6.48×10^{-4}	6.45×10^{-3}	6.41×10^{-2}	6.38×10^{-1}	6.34	63.35
C_s/C_0	9.97	99.65	9.86×10^3	9.82×10^4	9.75×10^5	9.75×10^6
C_s'/mol · L^{-1}	7.32×10^{-4}	7.29×10^{-3}	7.28×10^{-2}	7.24×10^{-1}	7.21	72.03
C_s'/C_0	11.26	112.15	1.12×10^3	1.11×10^4	1.11×10^5	1.11×10^6

表6-9结果表明，Ca^{2+}作用后黑云母矿物界面RNH_3^+的浓度与Ca^{2+}作用前RNH_3^+的浓度相近或具有相同的数量级，即Ca^{2+}并不能显著增加矿物表面RNH_3^+的浓度，故Ca^{2+}对黑云母矿物的活化作用很小。

由于Mg^{2+}与Ca^{2+}对三种矿物作用结果类似，由于篇幅有限就不再进行计算了。

6.2 抑制剂 AP 对蓝晶石矿物的抑制机理研究

6.2.1 抑制剂 AP 对蓝晶石矿物表面电性的影响

抑制剂 AP 属于高分子化合物，分子中含有大量的葡萄糖单元，每个葡萄糖单元有 3 个羟基，羟基属于亲水基团，并且羟基可以在一些矿物表面形成氢键使淀粉在矿物表面吸附，从而达到抑制矿物的目的。

本节主要研究了不同 pH 值、添加抑制剂 AP 前后与用量对蓝晶石矿物 Zeta 电位的影响，如图 6-9 和图 6-10 所示。

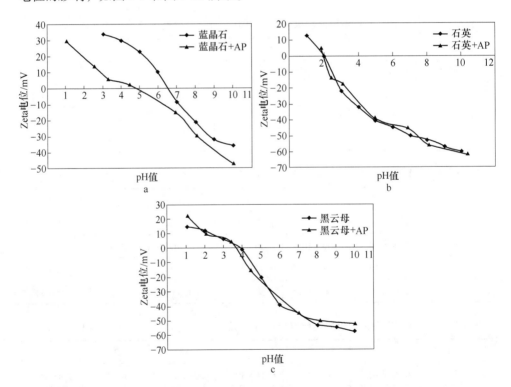

图 6-9 抑制剂 AP 作用前后矿物表面电动电位随溶液 pH 值的变化曲线

由图 6-9 可知，在蒸馏水中，蓝晶石表面的等电点约为 6.7，与抑制剂 AP 作用后，其等电点漂移至 4.7 左右。矿物的动电位在淀粉作用下发生大幅度变化，

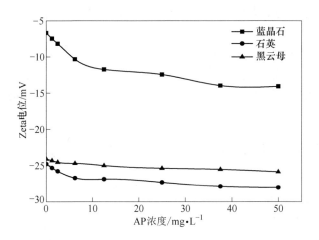

图 6-10 抑制剂 AP 浓度对蓝晶石矿物 Zeta 电位的影响

这说明荷电的药剂在矿物表面发生了吸附。当矿物表面荷正电时，淀粉使其电位负移，即存在静电力作用；当矿物表面电位为负值时，药剂使其电位继续负移，说明药剂与矿物之间还有其他作用力的存在。当 pH < 6.7 时，蓝晶石表面带正电，因此存在静电作用，同时蓝晶石解离后表面会暴露出大量的 Al^{3+}，抑制剂 AP 能与矿物表面的 Al^{3+} 发生化学键合作用，使抑制剂 AP 吸附于蓝晶石矿物表面，从而使蓝晶石的负电性增加，零电点向酸性区漂移。从抑制剂 AP 作用后蓝晶石表面零电点的变化可以看出，淀粉确实在矿物表面发生了吸附，从而使矿物表面亲水化。

同时还可以看出，虽然等电点向酸性区漂移，在阳离子捕收剂作用下抑制剂 AP 依然可以起到抑制作用，其原因可能是抑制剂 AP 与捕收剂能在矿物表面发生竞争吸附，从而减少捕收剂在矿物表面的吸附量。

根据研究表明，抑制剂 AP 的主链是由葡萄糖单体环通过糖苷键连接而成，构成独特的螺旋环结构，以环式的形态吸附在矿物表面，这种结构对小分子捕收剂具有很好的罩盖作用，所以即使蓝晶石表面吸附了十二胺捕收剂，也不能提高矿物表面的疏水性，矿物不浮，更深入地揭示其机理有待于进一步研究。

石英的零电点也发生了漂移，从 2.0 漂移至 1.9，分析其原因可能是由于石英无解理，且由于接近中性水溶液中 [OH^-] 浓度较低，矿物表面的氧难以与水溶液中 OH^- 键合，而易与抑制剂 AP 分子结构中的羟基形成全方位的氢键，促进 AP 的吸附，因而 AP 能抑制石英矿物的浮选。

黑云母的零电点从 3.9 漂移至 3.7，但是在纯矿物实验中抑制剂 AP 对黑云母的抑制不明显，这与黑云母的晶体结构特征相关。黑云母为层状结构矿物，矿物沿层间发生解离后，呈片状形态存在，氧离子大面积分布在矿物表面，因此该矿物表面具有更高的负电性，更有利于吸附阳离子捕收剂十二胺，使 AP 的抑制作用减弱。

图 6-10 为不同的抑制剂 AP 浓度对蓝晶石矿物 Zeta 电位的影响。可见：随着 AP 浓度的增加，蓝晶石及石英 Zeta 电位下降，尤其是蓝晶石 Zeta 电位下降更为显著，由此 AP 产生的抑制效果随之增大，当 AP 浓度增至 35mg/L 时，再增加 AP 浓度，Zeta 电位下降幅度变小。

6.2.2 抑制剂 AP 在蓝晶石矿物表面吸附行为分析

药剂在矿物表面的吸附方式主要有化学吸附和物理吸附，两者的主要区别是药剂与矿物表面的作用力大小不同。化学吸附的本质上是化学键力，吸附比较牢固，很难解吸，具有选择性；而物理吸附有范德华力或静电力的分子键力，吸附质易于在表面解吸，一般无选择性，且通过对药剂在矿物表面吸附量的测定可以判断其吸附的主要方式。

待测的溶液浓度在一定的范围内符合 Lambert-Beer 定律，当入射光的波长一定时，待测的溶液吸光度 A 和其浓度与液层的厚度 b 成正比，即 $A = kbc$（k 为比例系数）。当其他的条件相同，即当 kb 一定时，吸光度 A 与浓度 C 也成正比。按照标准曲线的对比法，则可由其吸光度 A 求出未知的浓度 C_x。本书实验中采用了紫外分光光度法进行测定。

6.2.2.1 抑制剂 AP 标准曲线的绘制

由于此次合成的抑制剂中主要成分为淀粉，查阅文献可知，淀粉可以使苯酚和浓硫酸的混合物明显呈现橙黄色的显色反应，故可用紫外分光光度计测定反应的光密度数值，从而确定出相应的淀粉浓度。不同的单色光，吸光度的数值也不同，且存在一个吸收峰，此时，单色光的波长 $\lambda = 490nm$。为使比色测定时的误差最小，采用 $\lambda = 490nm$ 的单色光照射。

取 2mL 浓度为 0mg/L（参比液）、2mg/L、3mg/L、5mg/L、10mg/L、20mg/L、30mg/L、60mg/L、80mg/L、100mg/L、120mg/L 的抑制剂 AP 溶液分别加入到盛有 1mL 5% 的苯酚和 5mL 浓硫酸的比色管中，待生成的颜色稳定后，将比色管置于 25℃ 的恒温水浴中放置 15min，然后在分光光度计上测得光密度值，准确配置各标准浓度的药剂，分别在吸收峰处测量吸光度，以浓度 C 为横坐标，吸光度 A 为纵坐标作图，绘制标准曲线如图 6-11 所示。

由抑制剂 AP 浓度-吸光度试验数据建立回归方程（相关性系数 $R = 0.998$）：

$$y = 0.15 + 0.0041x$$

式中 y——吸光度；

x——浓度。

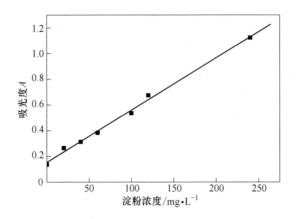

图 6-11　抑制剂 AP 吸光度-浓度标准曲线

6.2.2.2　吸附量的测定

药剂吸附量的测定是在紫外分光光度计上进行的。测定过程为：先根据已知浓度的药剂标准溶液作出其工作曲线；然后称量 1.0g 纯矿物，加入 25mL 已知浓度的药剂，磁力搅拌 3min，离心搅拌 5min，转速为 8000r/min，离心分离后取上层清液进行分析，再通过该药剂的工作曲线找出对应的浓度，由式（6-19）计算出该药剂对矿物的吸附量：

$$\Gamma = \frac{C_0 - C}{m} V \tag{6-19}$$

式中　Γ——药剂的吸附量，mg/g；

　　　C_0——药剂溶液的初始浓度，mg/L；

　　　C——药剂溶液的残余浓度，mg/L；

　　　V——药剂溶液的体积，mL；

　　　m——矿物的质量，g。

在接近中性条件下，对不同药剂在蓝晶石、黑云母、石英表面的吸附量进行测定。

当 pH＝6.5 时，抑制剂 AP 在蓝晶石、石英及黑云母矿物表面的吸附量随药剂初始用量的变化如图 6-12 所示。

由此可见，抑制剂 AP 在黑云母表面吸附较少，而在蓝晶石及石英表面吸附较多。随着抑制剂 AP 浓度的增加，AP 在石英表面的吸附量逐渐增加，并趋于饱和，根据朗缪尔单分子层吸附方程可知，AP 在石英的表面属于单层吸附。

同时从图 6-12 中可以看出，抑制剂 AP 更容易在蓝晶石表面吸附，且吸附量随着 AP 初始浓度的增加而增加，但是在试验范围内吸附量没有达到饱和现象。根据 BET 多分子层吸附理论分析可知，抑制剂 AP 在蓝晶石矿物表面存在多层吸附。AP 具有大量的支链，高分子链之间会相互桥联、彼此覆盖，从而更密集地吸附在蓝晶石矿物表面，即抑制剂 AP 更容易抑制蓝晶石，而对石英的抑制作用相对较弱，与前面纯矿物实验结果一致。

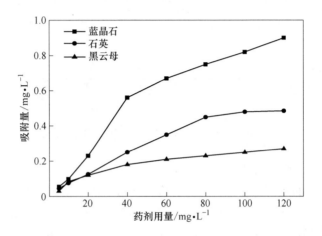

图 6-12　抑制剂 AP 在矿物表面吸附量的测定

6.2.3　抑制剂 AP 与蓝晶石作用前后的 FTIR 分析

为了进一步研究抑制剂 AP 在矿物表面的作用机理，对抑制剂 AP 在矿物表面的吸附产物进行了红外光谱测试。测试的具体方法见第 2 章，分析结果如图 6-13 所示。

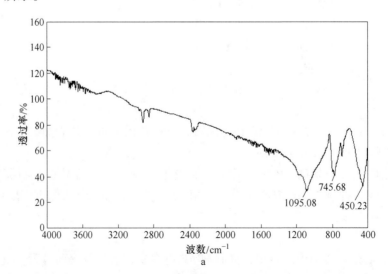

a

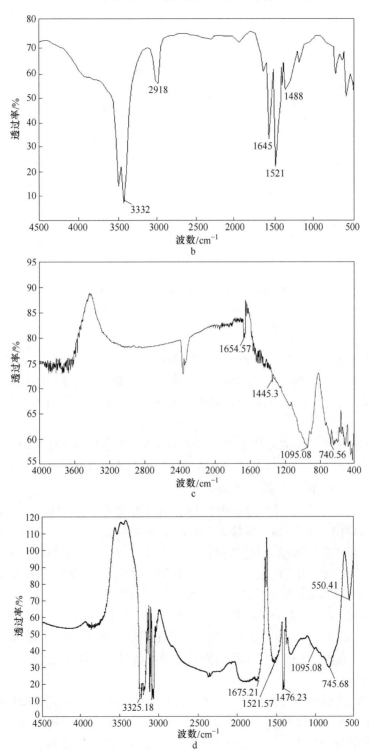

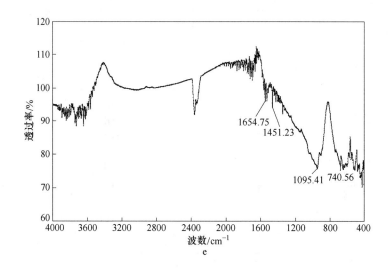

图 6-13　药剂作用前后矿物的红外光谱图

a—蓝晶石；b—十二胺；c—蓝晶石 + 抑制剂 AP；

d—蓝晶石 + 十二胺；e—蓝晶石 + 抑制剂 AP + 十二胺

图 6-13a 为蓝晶石的红外光谱，450.23cm^{-1} 区段出现的吸收带为 Si—O 的弯曲振动振动峰；745.68cm^{-1} 为 Al—O 伸缩振动吸收峰；谱带在 1095.08cm^{-1} 处展示出一个峰值，是 Si—O 的非对称键价的振动峰，实验用蓝晶石的光谱与标准参考谱线基本一致。

图 6-13b 为十二胺的红外光谱，3332cm^{-1} 为胺分子的 N—H 基的伸展振动吸收峰，2918cm^{-1} 处 为—CH$_2$ 的 伸 展 振 动 吸 收 峰，1488cm^{-1}、1521cm^{-1} 和 1645cm^{-1} 为—NH$_2$ 的弯曲振动吸收峰。

图 6-13c 为蓝晶石与抑制剂 AP 作用后的红外光谱，740.56cm^{-1} 为 Al—O 伸缩振动吸收峰由 745.68cm^{-1} 偏移 5.12cm^{-1}，证明抑制剂 AP 与蓝晶石矿物有了化学成键，发生化学吸附。与抑制剂 AP 作用后在 1421.56cm^{-1} 和 1654.57cm^{-1} 处出现了 C—OH 基团引起的振动吸收峰和水分子中的—OH 基的变形振动吸收峰，也说明抑制剂 AP 在蓝晶石矿物表面发生了化学吸附。

图 6-13d 为 蓝 晶 石 与 十 二 胺 作 用 后 的 红 外 光 谱，1476.23cm^{-1}、1521.57cm^{-1}、1675.21cm^{-1} 与—NH$_2$ 的 弯 曲 振 动 吸 收 峰 位 置 基 本 一 致，3325.18cm^{-1} 为胺分子的 N—H 基的伸展振动吸收峰，表明十二胺在蓝晶石矿物表面确实存在。

图 6-13e 为蓝晶石与抑制剂 AP 及十二胺作用后的红外光谱，951.42cm^{-1} 为 Si—O 的非对称键价的振动吸收峰由 1095.08cm^{-1} 偏移所致，740.56cm^{-1} 为 Al—O 伸缩振动吸收峰由 745.68cm^{-1} 偏移 5.12cm^{-1}，证明抑制剂 AP 与矿物有了化学成

键，发生化学吸附。1654.75cm^{-1}是水分子中的—OH 基的变形振动引起的；1451.23cm^{-1}是由 C—OH 基团引起的振动。从该图谱中没有发现十二胺的特征峰，只是出现了抑制剂 AP 中存在的 C—OH 基团，因此可认为抑制剂 AP 与十二胺可以在蓝晶石矿物表面发生竞争吸附而减少捕收剂在矿物表面的吸附量。

新型抑制剂 AP 的红外光谱如图 4-23 所示。

6.3 本章小结

（1）通过浮选溶液化学计算、矿物动电位测定、玻耳兹曼关于矢量场中的粒子分布理论计算等，在中性条件下金属阳离子（Ca^{2+}、Mg^{2+}、Al^{3+}、Fe^{3+}）对蓝晶石、石英以及黑云母三种矿物的抑制或活化作用机理进行研究。

（2）Fe^{3+}、Al^{3+}起抑制作用的机理首先是在 pH = 6 ~ 7 左右，矿物表面上生成的沉淀是 $Fe(OH)_{3(s)}$ 和 $Al(OH)_{3(s)}$，矿物浮选受到强烈的抑制，同时金属阳离子在矿物表面吸附后提高了矿物表面的电性，使十二胺捕收剂的静电吸附力减弱，使矿物的浮选得到抑制；其次是由于矿物在金属阳离子作用下，矿物界面层内的捕收剂 RNH_3^+ 离子浓度大大降低，从而减弱了十二胺对矿物的捕收作用。

（3）Ca^{2+}对蓝晶石与石英起活化作用，主要是由于加入 Ca^{2+} 使蓝晶石和石英矿物表面电动电位的值减小，且根据双电层理论，Ca^{2+} 主要起到压缩矿物表面双电层厚度的作用，而 Ca^{2+} 主要集中于双电层中的扩散层。

（4）抑制剂 AP 对蓝晶石除了静电作用外，同时能与矿物表面的 Al^{3+} 发生化学键合作用，使 AP 吸附于蓝晶石矿物表面，从而使矿物表面亲水化。通过吸附量试验证实了抑制剂 AP 更容易在蓝晶石表面发生吸附，且在整个试验范围内吸附量未达到饱和。

（5）通过 Zeta 电位测定及红外光谱分析，抑制剂 AP 与十二胺能在蓝晶石矿物表面发生竞争吸附而减少捕收剂在矿物表面的吸附量。

7　蓝晶石矿中性浮选小型试验

前面通过纯矿物试验，考查了十二胺浮选体系下蓝晶石、石英和黑云母三种矿物在不同药剂条件下的浮选行为。试验研究结果表明，这三种矿物的浮选行为与它们的晶体结构及表面性质有关，并且找出了一些影响蓝晶石矿浮选分离效果的重要因素，本章主要通过实际矿石浮选试验验证以上结论，并制定合理的浮选分离工艺。

试验研究表明，在矿浆接近中性条件下，用十二胺盐酸盐作捕收剂，蓝晶石、石英、黑云母的浮选回收率相差不大，无法实现蓝晶石的阳离子反浮选分离，必须添加调整剂来抑制蓝晶石的浮选。抑制剂 AP 的加入对黑云母基本没有影响，对石英起到了一定的抑制作用，但是对蓝晶石却起到了很强的抑制作用。根据以上研究结果，得出如下结论：在蓝晶石矿反浮选体系中，十二胺作为捕收剂具有良好的捕收能力，抑制剂 AP 的添加对提高浮选分离效果有很好的帮助，实际矿石分选中矿泥的罩盖往往会对浮选过程产生不利的影响，浮选前脱泥将有助于蓝晶石矿的浮选分离。

河北邢台蓝晶石属于黑云石榴蓝晶石片麻岩型，产于太古界变质岩系中，含矿岩石以蓝晶石、石榴子石、黑云母斜长片麻岩为主。蓝晶石矿体呈层状、大扁豆体状，单矿体延长数百米。矿物储量丰富，蓝晶石储存量超过 2300 万吨，埋藏较浅，适于露天开采。邢台地区蓝晶石矿床目前已经开发，且建设了较大规模的蓝晶石选矿厂进行蓝晶石的分选提纯。蓝晶石的分选提纯技术有磁选、重选、浮选或其联合工艺流程，其中浮选是获得高品质蓝晶石的主要方法。

对蓝晶石选矿企业的生产工艺调查表明，实际蓝晶石的浮选在强酸性（pH = 2.5）环境下生产，虽然蓝晶石的品质得到了保证，但对分选设备、生产环境和操作者形成了较大的不利因素，也成为蓝晶石生产企业可持续发展的最大障碍。基于此，本章节在蓝晶石、石英和黑云母的纯矿物浮选基础上，开展实际矿物在中性条件下浮选行为研究，为实际蓝晶石在中性条件下分选提纯提供技术依据和支撑。

本次实际矿石浮选的试样来自河北邢台某蓝晶石选矿厂强磁选后的产品，但是产品中仍然含有较多的石榴石和黑云母等弱磁性矿物。就可浮性而言，黑云母、石英与蓝晶石的分离不太困难，但与被金属离子活化的蓝晶石，特别是表面

被金属离子 Ca^{2+}、Mg^{2+} 活化的蓝晶石分离比较困难。此外，试样经磨矿作业后会产生矿泥，矿泥的存在会消耗药剂和破坏浮选的选择性，尤其本次实际矿石浮选中采用的捕收剂为十二胺盐酸盐，胺类捕收剂会优先附着于矿泥上，导致选择性降低，因此应在浮选作业之前进行脱泥作业。

实际矿石浮选在 0.5L XFD 型单槽浮选机中进行，每次试验称取矿样重量为 150g。

在后续试验研究中大部分以 Al_2O_3 的品位对精矿质量进行表征，但是由于浮选原矿中含有黑云母，黑云母中也含有 Al_2O_3，即 Al_2O_3 的品位不能完全表征为蓝晶石的品位，因此提出了用蓝晶石含量来表征蓝晶石精矿质量。

由于蓝晶石含量测定比较困难，且在研究中发现产品中蓝晶石含量与 Al_2O_3 品位是呈正比的关系，因此在研究中只是关键性的数据测定蓝晶石含量，其他数据均用 Al_2O_3 品位来表征。通过测定，该实际矿石中 Al_2O_3 品位为 18.42%，蓝晶石含量为 15.89%。

在蓝晶石实际矿石反浮选试验的基础上，确定浮选工艺流程的药剂制度与工艺条件，在此基础上进行工业试验，最终获得良好的分选指标。

蓝晶石族矿石选矿经验表明，红柱石、蓝晶石及硅线石浮选时可采用脂肪酸或磺酸盐作捕收剂。但是前面蓝晶石纯矿物浮选试验表明，采用十二胺作捕收剂在中性范围内也比较有效，因此在制定蓝晶石矿的浮选工艺时，首先试验了采用十二胺作捕收剂，这类捕收剂来源广，价格便宜，因此使用较为广泛。当然这并不排除寻找新型更便宜的效率也较高的捕收剂进行蓝晶石矿的反浮选分离。

对实际矿石做了大量探索性试验表明，对于蓝晶石矿，浮选前的脱泥是必要的，浮选在中性条件下，以十二胺盐酸盐与柴油为捕收剂，以对蓝晶石有较强抑制效果的 AP 为抑制剂，进行浮选试验，其试验流程如图 7-1 所示。

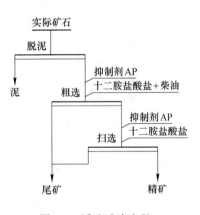

图 7-1　浮选试验流程

7.1　脱泥试验

从蓝晶石选矿厂取回的实际矿石中含有较多的矿泥，矿泥的存在会严重恶化浮选过程：（1）矿泥表面能吸附大量药剂；（2）易于附着而污染其他矿物表面，既降低了蓝晶石的可浮性，又破坏浮选过程的选择性，恶化了浮选过程，因此浮选前预先脱泥是获得优质精矿和减少药剂消耗的重要步骤。为了探索脱泥试验，先在下述脱泥试验装置（图 7-2）上进行，脱泥试验结果见表 7-1。

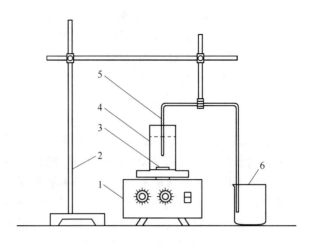

图 7-2　脱泥装置

1—恒温磁力搅拌器；2—铁架台；3—搅拌转子；4—定制玻璃器；5—玻璃弯管；6—烧杯

表 7-1　脱泥试验结果

产品名称	作业产率/%	品位/%		作业回收率/%	
		Al_2O_3	蓝晶石	Al_2O_3	蓝晶石
矿泥	10.31	13.78	3.47	7.70	2.24
精矿	89.69	19.00	17.43	92.30	97.76
原矿	100.00	18.46	15.99	100.00	100.00

　　由表 7-1 可以看出，经脱泥后可脱除作业产率为 10.31%，蓝晶石含量仅为 3.47%，回收率为 2.24% 的矿泥，因此可以看出经脱泥作业，蓝晶石损失在矿泥中的含量很小，脱泥作业后精矿进入后续浮选作业。

　　由于后续试验所需矿样较多，采用该试验装置脱泥工作量较大，因此在后续制备浮选入浮矿样脱泥时，采用了一种新型的重选设备——悬振锥面选矿机进行脱泥试验。

　　悬振锥面选矿机由主机、分选面、给矿装置、给水装置、接矿装置、电控系统等 6 大部分组成。设备结构简图如图 7-3 所示。行走电动机驱动主动轮带动从动轮在圆形轨道上做圆周运动，从而带动分选面做匀速圆周运动；同时，振动电动机驱动偏心锤做圆周运动，使分选面产生有规律的振动。

　　矿浆经由给矿管给到锥形床面的中心，在床面的旋转、振动和自重作用下，矿粒群在锥形盘面上松散、分层。粒度和密度均较小的矿物处于最上层，这些悬浮矿的轻矿物以尾矿排出（矿泥）；处于中间层的粒度小、密度大的矿物或粒度大、密度小的矿物随着设备的运转，经中矿区渐开线洗涤水的冲洗作用，经接料斗排入中矿槽；底层主要是密度较大的矿物，由于分选面对底层重矿物有一定的

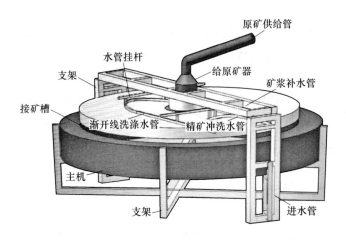

图 7-3 悬振锥面选矿机结构简图

阻滞作用，因此较难被矿浆冲走，随设备转动至精矿卸矿区时，被精矿冲洗水冲至精矿槽。

用 LXZ-1200A 型悬振锥面选矿机处理该试样，在给矿浓度为 20%，分选面转动速度为 1.2r/min，盘面振动频率为 385 次/min，给矿量为 0.35t/h，冲洗水流速为 1.08m³/h 情况下，可脱除产率为 9.45%，蓝晶石含量仅为 3.75%，回收率为 2.22% 的矿泥，同时可以得到产率为 90.55%，蓝晶石含量为 17.21%，回收率为 97.78% 的蓝晶石精矿。

对悬振锥面选矿机脱除的矿泥进行了工艺矿物学分析，如图 7-4 所示。

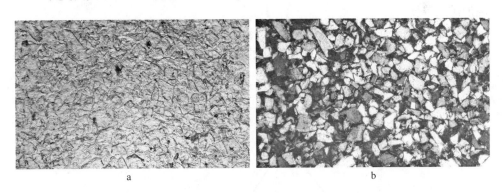

图 7-4 悬振锥面选矿机脱除矿泥

从图 7-4 可以看出，悬振锥面选矿机脱除矿泥中的主要矿物为石英、长石、云母、蓝晶石，其中石英含量 70%～80%、云母含量 2%～5%、蓝晶石含量 1%～3%、长石含量 5%～10%。

从工艺矿物学分析可以看出，悬振锥面选矿机脱除的矿泥中蓝晶石含量较低，泥中主要矿物为石英与云母。

同时，对脱泥前后的蓝晶石原矿在中性条件下浮选进行了初步探索试验。通过试验可以观察到，若不脱泥浮选过程中矿化泡沫层中的泡沫很大，兼并现象也很严重，浮选时间较长，浮选终点不明显，在显微镜下观察发现泡沫产品中的蓝晶石含量也很低，蓝晶石的含量与原矿相近；而脱泥之后，矿化泡沫层中的蓝晶石含量有了明显的升高，浮选探索试验也证明了脱泥是必要的。

7.2 粗选条件试验

7.2.1 矿浆浓度试验

矿浆浓度是指矿浆中固体与液体质量之比，常以固体的含量（%）表示。矿浆浓度是影响粗选作业浮选指标的关键因素之一，为了得到较好的分选指标，需要确定合适的给矿浓度。

采用较稀的矿浆浓度进行浮选时，可以使气泡充分弥散，获得的精矿质量较高，但回收率较低；当矿浆浓度增加，回收率开始增加，精矿品位开始下降，在达到最佳值时，回收率开始下降。这可能是由于浓度过高，捕收剂与目的矿物颗粒接触的机会相对较小，矿浆没有得到充分分选，使得目的矿物随精矿一起排走，进而导致精矿回收率下降。浮选给矿浓度一般在25% ~40%为宜，有时矿浆浓度可高达55%固体和低到8%固体。浮选比重较大的矿物一般应采用较高的矿浆浓度，这有利于提高回收率和减少浮选药剂的消耗。处理粒度较细或容易发生泥化的矿石时，宜采用较低的矿浆浓度；处理粒度相对较粗的矿石时，宜采用较高的矿浆浓度。

在磨矿细度为 -0.074mm 占 65.00%，十二胺盐酸盐用量为60g/t，柴油用量为200g/t，抑制剂 AP 用量为360g/t 的条件下进行了矿浆浓度试验，试验结果如图7-5 所示。

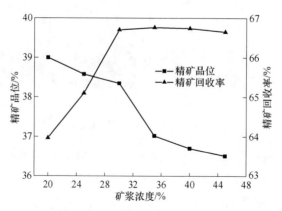

图7-5 矿浆浓度对分选指标的影响

由图 7-5 可知，过低的矿浆浓度不利于蓝晶石的回收，但矿浆浓度过高，气泡在浮选槽中的阻力也相应增大，气泡上升困难，导致 Al_2O_3 品位下降。当矿浆浓度达到一定值时，不仅精矿品位降低，而且回收率呈下降的趋势。

当矿浆浓度为 30% 时，此时 Al_2O_3 品位为 38.35%，回收率为 66.71%，若继续增大矿浆浓度，此时精矿品位下降较为明显，降低至 37.02%，因此给矿浓度在 30% 左右时，浮选技术指标较好。

7.2.2　抑制剂 AP 用量试验

抑制剂 AP 由于含有大量的亲水基团，在矿物表面吸附可形成亲水薄膜，抑制矿物的浮选。但使用 AP 添加过量时会导致大部分矿物都被抑制，在阳离子反浮选过程中，适量添加抑制剂 AP 才可取得较佳的分选效果。

本次浮选流程中的抑制剂为实验室合成的药剂 AP，主要抑制其中蓝晶石的浮选。使用时，利用恒温水浴箱加热到 60℃使用。在磨矿细度为 -0.074mm 占 65.00%，十二胺盐酸盐用量为 60g/t，柴油用量为 200g/t，矿浆浓度为 30% 的条件下进行了抑制剂 AP 用量试验，试验结果如图 7-6 所示。

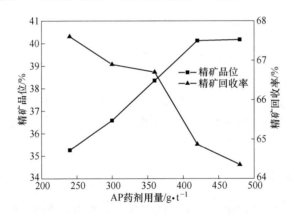

图 7-6　抑制剂 AP 用量对分选指标的影响

由图 7-6 可以看出，随着抑制剂 AP 用量的增加，精矿 Al_2O_3 的品位呈增加的趋势，这是由于抑制剂 AP 的添加强化了蓝晶石与脉石矿物的可浮性差异，改善了分选效果，但是回收率随之降低。当药剂用量为 420g/t 时，虽然蓝晶石的品位较高，但是回收率却急剧减小，说明 AP 对蓝晶石的抑制效果较好。综合考虑精矿品位和回收率，粗选时选用 AP 用量为 360g/t，精矿 Al_2O_3 的品位为 38.35%，回收率为 66.71%。

7.2.3　十二胺盐酸盐用量试验

捕收剂主要作用于矿物-水界面，排开矿物表面的水化膜，提高矿物表面的疏水性，进而增加矿物与气泡的碰撞概率及黏附的牢固程度，捕收剂的用量对分选效果有着最直接的影响。因此，在浮选过程中应控制好捕收剂的用量，从而得到理想的选别指标。

在抑制剂 AP 用量为 360g/t，柴油用量为 200g/t 的条件下，以十二胺盐酸盐作捕收剂，进行了捕收剂不同药剂用量试验，试验结果如图 7-7 所示。

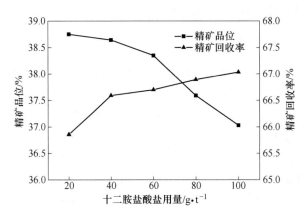

图 7-7　十二胺盐酸盐用量对分选指标的影响

从图 7-7 可以看出，随着十二胺盐酸盐用量的增加，Al_2O_3 的品位逐渐降低但是回收率逐渐增加，当十二胺盐酸盐用量在 40g/t 以上时，进一步增加药剂用量，精矿回收率变化幅度较小，仅从 66.59% 提高至 67.03%，因此该试验可确定十二胺盐酸盐的药剂用量为 40g/t，此时精矿 Al_2O_3 的品位为 38.64%，回收率为 66.59%。

7.2.4　柴油用量试验

胺类捕收剂在一些情况下会和中性油类混合使用。美国 Soto 等用十八胺作为捕收剂从白云石中选择性浮选磷酸盐矿物，发现添加煤油与否对十八胺的浮选效果影响很大。因此在蓝晶石实际矿石浮选中采用柴油与十二胺盐酸盐作为组合药剂配合使用，以改善浮选的效果。

在磨矿细度 –0.074mm 含量为 65.00%，抑制剂 AP 用量为 360g/t，十二胺盐酸盐用量为 40g/t 的条件下进行柴油用量试验，试验结果如图 7-8 所示。

从图 7-8 可以看出，随着柴油用量的增加，精矿的回收率呈逐渐升高的趋势，但当药剂用量大于 300g/t 时，随着药剂用量的继续增加，回收率增加较小，且精矿品位呈降低的趋势。当药剂用量为 300g/t 时，精矿 Al_2O_3 的品位为 39.25%，回收率为 68.27%，分选指标较好，因此，柴油的最佳药剂用量定为 300g/t。

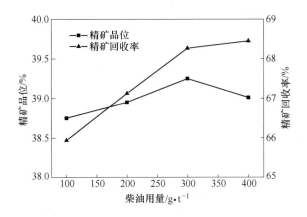

图 7-8 柴油用量对分选指标的影响

7.3 正交试验

上面几个单因素试验主要对浮选指标的影响进行分别研究，研究每个影响因素时，基本保持其他影响因素水平不变。本节试验将对影响浮选指标的三个因素同时进行研究，对比显著性，三个因素分别是矿浆浓度、淀粉用量、十二胺盐酸盐用量与柴油用量。为了研究方便，所选取影响因素取值具有代表性，本节试验利用正交试验设计方法进行，正交试验设计法是研究与处理多因素试验的一种科学方法。为了设计方便、分析快捷，本节正交实验设计在正交实验设计助手软件上进行。该软件为正交试验设计中最烦琐的试验安排表的制定及分析提供一个辅助工具。该软件可实现正交试验安排表的生成向导，支持混合水平实验设计与分析，试验正交试验结果的直观分析、因素指标图及交互作用的直观分析，可实现多因素的方差分析及结果的多种输出方式。

正交试验设计的基本特点是：用部分试验来代替全面试验，通过对部分试验结果的分析，了解全面试验的情况。

7.3.1 试验方案设计

该试验因素选择主要考虑前述章节所研究的三个因素：矿浆浓度、十二胺盐酸盐用量、淀粉用量，设计 $L_a(b^c)$ 的等水平正交表（其中 a 为实验总次数，行数；b 为因素水平数；c 为因素个数，列数）。

以精矿产品品位为考察试验结果，对三个因素在粗选过程中对试验结果的影响进行分析，试验总次数为 9 次，不考虑各因素间的相互作用，对于三水平的因素，设计三因素三水平的 $L_9(3^4)$ 正交表。表头的选取设定见表 7-2。

表 7-2 试验设计

水平 \ 因素	矿浆浓度/%	十二胺盐酸盐用量/$g \cdot t^{-1}$	抑制剂 AP 用量/$g \cdot t^{-1}$
1	25	35	340
2	30	40	360
3	35	45	380

7.3.2 试验方案及结果

按上述试验设计的正交表, 进行试验。试验结果见表 7-3。

表 7-3 试验方案及试验结果

因素 水平	A 1	B 2	C 3	误差 4	试验结果 E/%
1	1	1	1	1	39.32
2	1	2	2	2	39.71
3	1	3	3	3	39.42
4	2	1	2	3	39.47
5	2	2	3	1	39.41
6	2	3	1	2	39.02
7	3	1	3	2	39.26
8	3	2	1	3	38.95
9	3	3	2	1	39.24
E_{I}	118.45	118.05	117.29	117.97	
E_{II}	117.90	118.07	118.42	117.99	353.80
E_{III}	117.45	117.68	118.09	117.84	
$\overline{E}_{\mathrm{I}} = \frac{1}{3} E_{\mathrm{I}}$	39.48	39.35	39.10	39.32	
$\overline{E}_{\mathrm{II}} = \frac{1}{3} E_{\mathrm{II}}$	39.30	39.36	39.47	39.33	39.31
$\overline{E}_{\mathrm{III}} = \frac{1}{3} E_{\mathrm{III}}$	39.15	39.23	39.36	39.28	
$r = \overline{E}_{\max} - \overline{E}_{\min}$	0.33	0.13	0.38	0.05	

7.3.3 试验结果极差分析

极差表示的是各列中各水平对应的试验指标平均值的最大值与最小值之差。极差可以用来描述各因素中水平变化所引起的试验指标离散程度, 极差的大小, 可以反映出各因素所起作用的大小。通常极差大的因素是重要因素, 而极差小的因素是不重要的因素。根据极差的大小, 可以排列出各因素的主次顺序。为了能更直观地表现出变化趋势，常将计算结果绘制成图。

因素水平表中 E_I、E_{II}、E_{III} 分别代表各列对应于水平 1、2、3 各试点选别指标的总和。例如，对于第一列（因素 A）：

$$E_I = E_1 + E_2 + E_3 = 39.32 + 39.71 + 39.42 = 118.45$$

（此处 E 均为百分数,为了方便计算均省略了百分号,下同）

$\overline{E}_I$、$\overline{E}_{II}$、$\overline{E}_{III}$ 则分别代表各列对应于水平 1、2、3 各试点指标的平均值。

$$\overline{E}_I = \frac{1}{3}E_I = 39.48$$

r 为各列中 $\overline{E}_I$、$\overline{E}_{II}$、$\overline{E}_{III}$ 中最大值（$\overline{E}_{max}$）与最小值（$\overline{E}_{min}$）的差值（极差），可以用来度量各列的效应，如第 1 列：

$$r = \overline{E}_{max} - \overline{E}_{min} = 39.48 - 39.15 = 0.33$$

极差 r 表示该因素在其取值范围内试验指标变化的幅度。根据极差大小，判断因素的主次影响顺序。r 越大，表示该因素的水平变化对试验指标的影响越大，因素越重要。在上述试验中，C 代表的抑制剂 AP 用量极差最大，即对试验结果产生最主要的影响。

7.3.4 试验结果方差分析

方差分析是反映试验结果数据间离散程度的指标。方差分析方法就是要设法从整个试验结果的差异中，将归属于各种条件因素所引起的和试验误差所引起的方差设法分离出来，然后检验各种条件因素对试验结果的影响程度是否显著。方差分析是对试验数据的定量分析，分析结论的意义明确，可比性强。

方差分析的基本做法是，先求出该套正交试验的总的变差平方和及自由度，再分别求出各项主效应及（需要考虑的）交互效应的变差平方和及自由度；总的变差平方和及自由度减去全部主效应及（需要考虑的）交互效应的变差平方和及自由度后，剩下的残余变差平方和（均方）同平均误差平方和比较，进行 F 检验，即可判断各项效应的显著性。

（1）先求变差平方和 SS 及其自由度 f_0。

设以 E_j 表示第 j 个试点的试验结果，此处 $j = 1, 2, \cdots, N$，N 表示试点总数，对本例 $N=9$，以 E_T 表示全部试验结果总和。

$$E_T = \sum_{j=1}^{N} E_j = 39.32 + 39.71 + 39.42 + 39.47 + 39.41 +$$

$$39.02 + 39.26 + 38.95 + 39.24 = 353.80$$

$\overline{E}_0$ 表示全部试点试验结果的总平均值：

$$\overline{E}_0 = \frac{1}{N}E_T = \frac{353.80}{9} = 39.31$$

各个试点的离差可用下式分别计算：

对于试点 1：

$$d_1 = E_1 - \overline{E}_0 = 39.32 - 39.31 = 0.01$$

计算全部试点的总离差平方和，即总变差平方和：

$$SS = \sum_{j=1}^{N} (E_j - \overline{E})^2 = \sum_{j=1}^{N} E_j^2 - \frac{(\sum_{j=1}^{N} E_j^2)}{N} = \sum_{j=1}^{N} E_j^2 - \frac{E_T^2}{N}$$

$$SS = (39.32^2 + 39.71^2 + 39.42^2 + 39.47^2 + 39.41^2 +$$
$$39.02^2 + 39.26^2 + 38.95^2 + 39.24^2) - 353.80^2/9 = 0.42$$

总平方和的自由度 $f_0 = N - 1 = 9 - 1 = 8$

（2）再求各列的变差平方和 SS_i 及其自由度 f_i。

第一列代表元素 A，取三个水平。不同水平间试验数据的变化代表该因素引起的变差，同一水平内不同试验数据间的变差与该因素无关。由于每一水平有三个试点，因而该列的变差总共应为：

$$SS_i = 3\left[\sum_{k=1}^{\text{III}} \overline{E}_k^2 - \frac{(\sum_{k=1}^{\text{III}} \overline{E}_k)^2}{3}\right] = \frac{1}{3}(E_{\text{I}}^2 + E_{\text{II}}^2 + E_{\text{III}}^2) - \frac{E_T^2}{9}$$

代入数据进行计算，可得：

$$SS_A = SS_1 = \frac{1}{3}(118.45^2 + 117.90^2 + 117.45^2) - \frac{353.80^2}{9} = 0.17$$

依次可以计算出 $SS_B = 0.03$；$SS_C = 0.23$；误差项 $SS = 0.004$。

各列的自由度等于水平数减 1，即 $f_i = p_i - 1$。现各列均取 3 个水平，相当于变动两次，即自由度均为 2。

（3）求误差平方和 SS_e。

由上述计算结果可知，交互效应不显著，故可将第 4 列的变差平方和看作试验误差，其自由度为 2。

（4）计算各项变差的均方值 $\overline{S}$。

例如，对于因素 A：

$$\overline{S}_A = \frac{SS_A}{f_A} = \frac{0.17}{2} = 0.085$$

（5）进行 F 检验。

$$F = \frac{\overline{S}_i}{\overline{S}_e}$$

全部计算结果见表7-4。

表 7-4　方差分析表

变差来源	平方和	自由度	均方	F 值	显著性
矿浆浓度 A	0.17	2.00	0.085	37.81	显著
十二胺用量 B	0.03	2.00	0.02	7.27	不显著
抑制剂 AP 用量 C	0.23	2.00	0.11	50.90	显著
误　差	0.00	2.00	0.00		
总　和	0.43	8.00			

查 F 分布表得，当分子项自由度为 2，分母项自由度为 2 时，临界值为 $F_{0.05} = 19.00$，现 $F_A > F_{0.05}$，$F_B < F_{0.05}$，$F_C > F_{0.05}$，表明在要求显著性水平 $\alpha = 0.05$，则抑制剂用量和矿浆浓度效应显著。

综上所述，抑制剂淀粉用量和矿浆浓度均对试验影响效果显著，由极差分析可知，抑制剂淀粉用量更加显著，结合试验，最终选定了矿浆浓度为 25%，捕收剂十二胺盐酸盐用量为 40g/t，抑制剂 AP 用量为 360g/t 可以得到最适宜的选别指标。按此药剂用量进行试验验证，得到选别指标与单因素试验得到的结果相近。

7.4　扫选试验

在正交试验基础上，进行扫选段数试验。其浮选流程及药剂条件如图 7-9 所示，各扫选段试验结果见表 7-5。

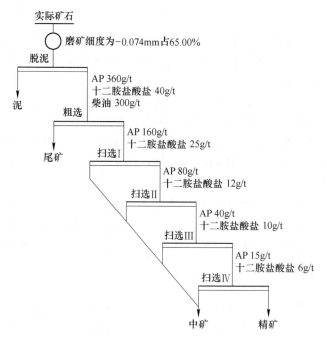

图 7-9　扫选试验流程

表7-5 扫选段数浮选试验结果

扫选段数	产品名称	作业产率/%	品位/%		作业回收率/%	
			Al_2O_3	蓝晶石	Al_2O_3	蓝晶石
1	精矿	23.81	47.77	66.41	60.12	91.88
	中矿	9.42	16.15	4.56	8.04	2.50
	尾矿	66.77	9.02	1.45	31.84	5.63
	原矿	100.00	18.92	17.21	100.00	100.00
2	精矿	19.57	52.45	78.02	54.23	88.72
	中矿	13.35	19.42	7.41	13.70	5.75
	尾矿	67.08	9.05	1.42	32.07	5.53
	原矿	100.00	18.93	17.21	100.00	100.00
3	精矿	15.90	57.37	89.62	48.28	82.86
	中矿	16.99	21.88	11.78	19.68	11.64
	尾矿	67.11	9.02	1.41	32.04	5.50
	原矿	100.00	18.89	17.20	100.00	100.00
4	精矿	14.28	60.31	96.16	45.46	79.72
	中矿	18.63	23.15	13.85	22.77	14.98
	尾矿	67.09	8.97	1.36	31.77	5.30
	原矿	100.00	18.94	17.22	100.00	100.00

各扫选段的药剂用量均是经试验得出的最佳用量，并且在扫选段进行了是否添加柴油用量试验，发现扫选中添加柴油对浮选指标影响不大，因此各扫选段只加了十二胺盐酸盐作为捕收剂。

同时根据表7-5的试验结果，扫选段的 Al_2O_3 的品位均较低，在探索试验的基础上，决定采用开路流程而不用闭路试验工艺。

由表7-5可以看出，随着蓝晶石扫选段数的增加，精矿 Al_2O_3 的品位从47.77%提高至60.31%，可得到高纯蓝晶石精矿产品。因此，由扫选段数试验，扫选可以确定为4段。

根据上述浮选工艺，以AP为抑制剂，十二胺盐酸盐、柴油为捕收剂，在矿浆近中性条件下（pH值为6.5左右），采用一次粗选、四次扫选的开路反浮选流程，最终可以获得作业产率为14.28%，Al_2O_3 品位为60.31%的高纯蓝晶石精矿。

7.5 精选试验

在扫选试验流程中会产生一部分中矿产品，为了提高蓝晶石精矿产品的回收率，对这一部分中矿产品进行了精选试验，精选试验中不加任何药剂，精选试验结果见表7-6。

表7-6 精选试验结果

精选段数	产品名称	作业产率/%	品位/%		作业回收率/%	
			Al_2O_3	蓝晶石	Al_2O_3	蓝晶石
1	精矿	25.46	36.45	54.13	36.74	52.25
	尾矿	74.54	21.44	16.90	63.26	47.75
	原矿	100.00	25.26	26.38	100.00	100.00
2	精矿	21.41	37.49	59.56	31.74	48.32
	尾矿	78.59	21.97	17.35	68.26	51.68
	原矿	100.00	25.29	26.39	100.00	100.00
3	精矿	12.45	38.29	62.42	18.88	29.39
	尾矿	87.55	23.40	21.32	81.12	70.61
	原矿	100.00	25.25	26.44	100.00	100.00

由表7-6可以看出，经过三段精选作业后，精矿Al_2O_3品位从36.45%提高至38.29%，且作业产率只有12.45%，精选的效果并不理想，因此在实际矿石的分选工艺中可只进行扫选作业而不精选，将中矿与尾矿合并为最终尾矿产品。

7.6 试验总流程及技术指标

脱泥试验和反浮选试验已在前文分段叙述，现将它们综合到一起，总试验流程如图7-10所示，试验最终产品指标见表7-7。

表7-7 脱泥-浮选数质量流程试验结果

产品名称	作业产率/%	品位/%		作业回收率/%	
		Al_2O_3	蓝晶石	Al_2O_3	蓝晶石
精 矿	12.93	60.31	96.16	42.18	77.53
尾 矿	77.62	12.05	4.19	50.60	20.26
矿 泥	9.45	14.13	3.75	7.22	2.21
原 矿	100.00	18.49	16.04	100.00	100.00

7.7 连选试验

为了进一步论证浮选工艺流程的适应性和选别过程的稳定可靠性，并为蓝晶石选矿厂的流程改造提供有关数据资料，进行了扩大试验。

连选试验的矿石来自脱除矿泥后的精矿，原矿中Al_2O_3品位为18.79%，蓝晶石品位为17.22%。扩大试验处理矿石3.5kg/h，连续运转24h，试验采用一次粗选四次扫选的浮选流程，试验结果见表7-8。

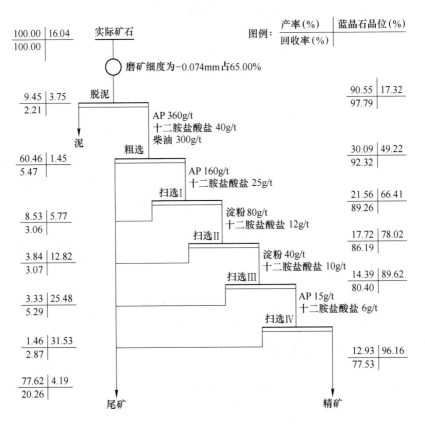

图7-10 脱泥-浮选数质量流程

表7-8 连选试验结果

| 产品名称 | 作业产率/% | 品位/% | | 作业回收率/% | |
		Al₂O₃	蓝晶石	Al₂O₃	蓝晶石
精矿	14.21	60.09	95.65	45.44	78.93
尾矿	85.79	11.95	4.23	54.56	21.07
原矿	100.00	18.79	17.22	100.00	100.00

由表7-8可以看出，最终可获得 Al_2O_3 品位为 60.09%，蓝晶石品位为 95.65%、作业回收率为 78.93%，Fe_2O_3 含量为 0.51% 的合格蓝晶石精矿。从扩大试验结果可以看出，在蓝晶石浮选给矿性质基本相同的情况下，可获得与小试结果相近的蓝晶石精矿指标。

试验结果达到了预期目的，且数据指标稳定可靠，各项技术指标与小型试验相符，进一步表明小型试验所确定的浮选工艺流程是可行的。

7.8 产品检测与分析

7.8.1 产品化学成分分析

最终蓝晶石精矿化学成分分析见表7-9。

表7-9 蓝晶石精矿化学多元素分析结果 （%）

化学成分	Al_2O_3	Fe_2O_3	MgO	SiO_2	CaO	Na_2O	TiO_2	K_2O
含量	60.31	0.62	0.57	34.33	0.47	0.046	0.17	0.088

从表7-9分析结果可知，最终蓝晶石精矿 Al_2O_3 品位为60.31%，$Na_2O +$ $K_2O < 0.5\%$，满足标准要求；精矿中主要杂质为 Fe_2O_3，其次为 MgO、CaO 等，Fe_2O_3 高的主要原因是蓝晶石矿中连生体较多，铁钛杂质被包覆在蓝晶石晶体中，导致 Fe_2O_3 含量较高。

最终尾矿化学成分分析见表7-10。

表7-10 尾矿多元素分析结果 （%）

化学成分	Al_2O_3	CaO	MgO	SiO_2	TFe	Na_2O	K_2O
含量	13.76	2.64	4.78	20.14	1.96	3.17	6.98

从表7-10可知，最终蓝晶石尾矿中 Al_2O_3 品位为13.76%，主要杂质为 SiO_2。从尾矿的化学分成分析可知 Al_2O_3 的品位较高，因此对尾矿进行了矿物组成分析。经研究发现，该蓝晶石尾矿中矿物的组成主要是石英、云母、长石等。由于云母中也含 Al_2O_3，这是造成尾矿中 Al_2O_3 偏高的原因。

7.8.2 扫描电镜分析

对蓝晶石精矿进行了扫描电子显微镜分析，如图 7-11 所示，蓝晶石精矿 EDS 分析，如图 7-12 所示。

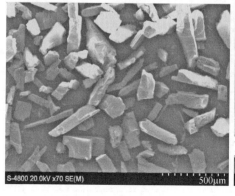

图 7-11 蓝晶石精矿扫描电镜图

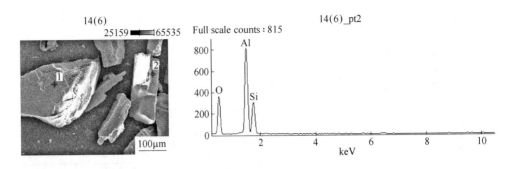

图 7-12 蓝晶石精矿 EDS 分析结果

从图 7-11 中可以看出蓝晶石精矿中绝大部分为蓝晶石，几乎看不到石英、黑云母等矿物，说明浮选分离效果较好，蓝晶石精矿品位较高。图 7-12 结果显示蓝晶石精矿中主要由 Al、Si、O 三种元素组成。

7.8.3 产品粒级分析

采用标准套筛对精矿进行了筛析，结果见表 7-11。

表 7-11 精矿筛析结果

粒 级		产率/%	Al_2O_3 品位/%	Al_2O_3 分布率/%
网目/目	孔径/mm			
+150	+0.105	20.00	60.21	19.96
-150 +200	-0.105 +0.074	38.49	60.40	38.53
-200 +325	-0.074 +0.043	29.48	60.41	29.52
-325	-0.043	12.03	60.17	12.00
合 计		100.00	60.34	100.00

从表 7-11 可以看出，蓝晶石精矿各粒级 Al_2O_3 品位变化不大，比较平均。
采用标准套筛对尾矿进行了筛析，结果见表 7-12。

表 7-12 尾矿筛析结果

粒 级		产率/%	Al_2O_3 品位/%	Al_2O_3 分布率/%
网目/目	孔径/mm			
+150	+0.105	8.78	10.45	7.67
-150 +200	-0.105 +0.074	12.45	11.87	12.36
-200 +325	-0.074 +0.043	23.41	12.03	23.55
-325 +400	-0.043 +0.038	26.75	12.12	27.11
-400	-0.038	28.61	12.25	29.31
合 计		100.00	11.96	100.00

7.8.4 密度测定

采用比重瓶法测得最终精矿和总尾矿的真密度分别为 3.481t/m³ 和 2.327t/m³。

7.8.5 产品沉降特性分析

7.8.5.1 最终精矿沉降特性

取最终精矿加水配制成百分比浓度分别为 20%、30%、40% 和 50% 的矿浆，在量筒中观察其澄清层高度随时间的变化关系，观测结果见表 7-13，根据这些观测数据绘制出沉降曲线如图 7-13 所示。

表 7-13 最终精矿沉降试验结果

沉降时间/s	清水层高度/mm			
	矿浆浓度 20%	矿浆浓度 30%	矿浆浓度 40%	矿浆浓度 50%
2	13	12	10	7
5	27	18	17	16
10	95	45	25	22
20	130	75	57	56
30	154	136	76	71
40	206	165	110	91
60	250	205	130	109
70	261	224	165	125
80	270	236	174	143
120	275	245	213	196
300	279	253	246	224
600	280	260	252	239
900	280	260	253	243

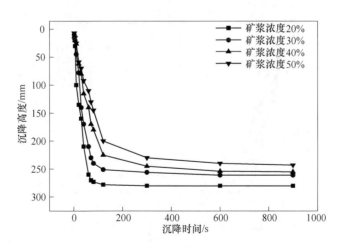

图 7-13 最终精矿沉降试验曲线

7.8.5.2 最终尾矿沉降特性

取总尾矿加水配制成重量百分比浓度分别为 5% 、10% 、15% 和 20% 的矿浆，在量筒中观察其澄清层高度随时间的变化关系，并进行了不加任何药剂与加絮凝剂（聚丙烯酰胺）的对比试验，观测结果见表 7-14 和表 7-15。根据这些观测数据分别绘制出沉降曲线，如图 7-14 和图 7-15 所示。发现加少量絮凝剂可加快澄清速度。

表 7-14　尾矿沉降试验观测结果

沉降时间/s	清水层高度/mm			
	矿浆浓度 5%	矿浆浓度 10%	矿浆浓度 15%	矿浆浓度 20%
10	20	15	12	8
15	30	28	22	15
20	48	38	33	20
25	60	60	43	30
30	80	75	55	35
40	100	85	62	42
65	130	110	85	58
80	173	159	105	73
100	213	210	167	115
115	259	240	197	140
140	262	250	220	185
165	266	251	233	205
180	271	252	237	219
200	272	252	238	224
240	273	252	238	224
300	274	252	238	224
600	275	252	240	225
900	275	253	241	225

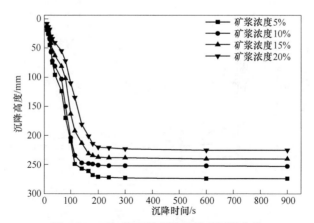

图 7-14　不加聚丙烯酰胺的尾矿沉降曲线

表 7-15　尾矿沉降试验观测结果（聚丙烯酰胺用量 5g/t）

沉降时间/s	清水层高度/mm			
	矿浆浓度 5%	矿浆浓度 10%	矿浆浓度 15%	矿浆浓度 20%
10	40	34	32	30
15	62	51	50	48
20	71	65	65	62
25	90	80	80	71
30	100	96	91	90
40	131	124	120	120
65	155	150	144	145
80	184	181	181	182
100	213	205	200	196
115	235	232	226	217
140	254	234	241	230
165	271	247	242	231
180	273	250	243	232
200	275	251	245	234
240	278	251	245	236
300	279	252	247	236
600	281	254	247	237
900	281	254	247	238

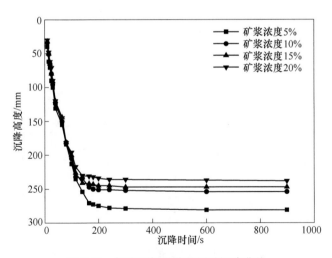

图 7-15　加聚丙烯酰胺的尾矿沉降曲线

从蓝晶石尾矿的沉降试验可以看出，由于铁尾矿粒度较粗，因此沉降速度较快，但是从沉降试验中也可看出，在澄清区有一些细小的颗粒沉降不下去，影响了澄清层的澄清度。加入聚丙烯酰胺后，颗粒的沉降更为迅速。

7.9 本章小结

（1）蓝晶石与石英、黑云母最佳分离介质的 pH 值约为 6.5，适当添加淀粉作抑制剂，以十二胺盐酸盐与柴油为捕收剂可以实现浮选分离。

（2）由于送入浮选作业的蓝晶石矿样中含有一定量的矿泥，矿泥的存在会消耗药剂和破坏浮选的选择性，因此应在浮选作业之前进行预先脱泥作业。

（3）通过正交试验分析，抑制剂 AP 用量对蓝晶石精矿品位的影响最大，捕收剂十二胺盐酸盐的影响最小，矿浆浓度的影响介于两者之间。

（4）以 AP 为抑制剂，十二胺盐酸盐为捕收剂，在矿浆接近中性条件下（pH 值约为 6.5），采用一次粗选、四次扫选的开路反浮选流程，最终可以获得产率为 12.93%，Al_2O_3 品位为 60.31%、蓝晶石品位为 96.16%，蓝晶石回收率为 77.53% 的高纯蓝晶石精矿。

（5）在蓝晶石浮选给矿性质基本相同的情况下，连选浮选试验可获得与小试结果相近的蓝晶石精矿指标。

8 蓝晶石矿中性浮选工业应用

8.1 矿石性质分析

8.1.1 原矿多元素分析

该工业试验蓝晶石矿样来自河北邢台,矿石的主要化学成分分析结果见表8-1。

表 8-1 原矿化学成分分析 (%)

化学成分	TFe	CaO	MgO	SiO$_2$	Al$_2$O$_3$	Na$_2$O	K$_2$O
含 量	7.53	0.97	3.29	52.87	21.08	1.77	3.50

8.1.2 粒度分析

为保证试样的代表性,需要确定满足试样代表性所必需的最小试样质量,即试样最小必需质量。试样代表性所需最小质量可以用以下经验公式表示:

$$Q = KD^{\alpha}$$

式中　Q——试样最小质量,kg;

　　　D——试样中最大块(颗粒),mm;

　　　K——与矿石性质有关的经验系数;

　　　α——与矿石性质和采集方法有关的指数,对于矿石样品一般 α 取2。

根据矿石性质,取 $K = 0.1$,$D = 2$,$\alpha = 2$,可以计算出试样最小必需量为400g,取500g代表性矿样,利用实验室振筛机进行粒度分析,结果见表8-2。

表 8-2 原矿 -2mm 筛析结果

筛孔孔径/mm	产率/%	Al$_2$O$_3$ 品位/%	元素分布率/%
+2.36	9.20	27.14	11.60
-2.36 +0.6	23.73	24.38	26.87
-0.6 +0.3	22.68	21.62	22.77
-0.3 +0.15	17.30	14.75	15.87
-0.15 +0.075	15.18	18.04	12.72
-0.075	11.91	18.35	10.17
合 计	100.00	21.53	100.00

由表8-2原矿-2mm筛分分析结果可知，各个粒级中Al_3O_3的品位随粒级细度变化渐呈两头增高的趋势。

8.1.3 原矿工艺矿物学分析

工艺矿物学作为一门研究矿物组成、粒度组成、元素赋存状态的学科，是选矿工艺设计的第一个重要步骤，工艺矿物学指标很大程度决定了选矿流程的设计指导思想。当需要尽量优化选矿流程，提高选矿指标时，工艺矿物学显得尤为重要。

经工艺矿物学鉴定得知，该矿样主要为石榴石蓝晶石云母片岩和蓝晶石石榴石片麻岩。前者以片状矿物黑云母为主，具有片状构造，颜色比较深；后者的主要矿物为石英和斜长石，具有片麻状构造，颜色比较浅。

8.1.3.1 原矿矿物组成及结构构造研究

选取代表性原矿磨制成光片，在显微镜下观察结果如下：

（1）结构。呈粒状结构。柱状蓝晶石矿物与石英、云母等呈粒状结构分布。

（2）构造。矿石矿物主要呈块状构造。

（3）矿物组成。岩石中的矿物组成主要是蓝晶石、石英、黑云母、石榴石、长石，少量红柱石。金属矿物主要为磁铁矿，极少量黄铁矿。

从表8-3中可以看出，原矿中主要矿物为蓝晶石、石英、黑云母、长石、磁铁矿等。

表8-3 原矿矿物组成分析结果 （％）

项 目	矿物名称	含 量
金属矿物	磁铁矿	4.17
	黄铁矿	1.23
	赤铁矿	微量
非金属矿物	蓝晶石	17.23
	石英	28.36
	黑云母	33.45
	石榴子石	10.17
	长石	2.45
	红柱石	2.36
	其他矿物	0.57

8.1.3.2 主要矿物嵌布特征

（1）蓝晶石：手标本上蓝晶石呈淡蓝色，形状为长条状，大小为(1~2)mm×(5~8)mm。镜下观察：蓝晶石一般为柱状或板状，偏光镜下为无色至浅蓝色，正高突起，可见两组解理缝，解理夹角74°，可见聚片双晶，多色性明显。正交偏光下为黄白或灰白色，部分呈双晶，斜消光。多有裂理，颗粒大小在0.5～8.2mm之间。部分与磁铁矿等矿石矿物不规则毗连镶嵌，部分与云母呈包裹型镶嵌，如图8-1e中K所示。

（2）石英：石英手标本呈颗粒状，无色，油脂光泽，无解理。镜下观察：石英是主要脉石矿物之一，单偏光镜下，石英形态为粒状，无色，不具多色性，正低突起。正交镜下，干涉色一级灰到一级淡黄。大小一般为0.4～0.6mm，如图8-1a中浅色部分，用Q表示。多与云母、蓝晶石、磁铁矿等矿物规则毗连镶嵌。

（3）石榴石：手标本上石榴石呈褐色，圆球状。显微镜下观察：石榴石是主要脉石矿物之一。不规则形状，偏光镜下为浅肉红色，颗粒大小在0.4～6.7mm之间，平均5.1mm。具均质性，常见不规则裂纹。镜下和手标本观察，矿石中石榴石分布不均匀，多与石英、云母等矿物不规则毗连镶嵌，同时，其内部多包裹石英。

（4）云母：是主要脉石矿物之一。叶片状或似长柱状，单偏光镜下为淡绿色，正交偏光镜下颜色艳丽，呈粉红至蓝色，如图8-1b所示。颗粒大小一般在0.5～0.9mm之间。与石英、石榴石等矿物不规则毗连镶嵌。

（5）长石：手标本上为板状，白色，可见解理，玻璃光泽。镜下观察：长石呈不规则形状，偏光镜下为无色，折射率与树胶相当，正交偏光下可见钠长石双晶，干涉色为一级灰到一级淡黄。颗粒大小在0.2～0.5mm之间。手标本上局部长石比较集中。多与石英、云母、石榴石等矿物不规则毗连镶嵌（图8-1b中F所示）。

（6）红柱石：体积百分含量1%～5%，不规则粒状，偏光显微镜下无色，正中突起，微弱多色性，平行消光。颗粒大小在0.2～0.4mm之间，如图8-1g和图8-1h中左上角矿物，用An表示。

（7）金属矿物主要为磁铁矿，极少量黄铁矿。磁铁矿在反光镜下观察其为灰白色，多呈他形粒状，粒度一般为0.1～0.4mm之间。岩石中的磁铁矿主要与石英、蓝晶石等矿物呈不规则毗连镶嵌，如图8-1c所示。

a

b

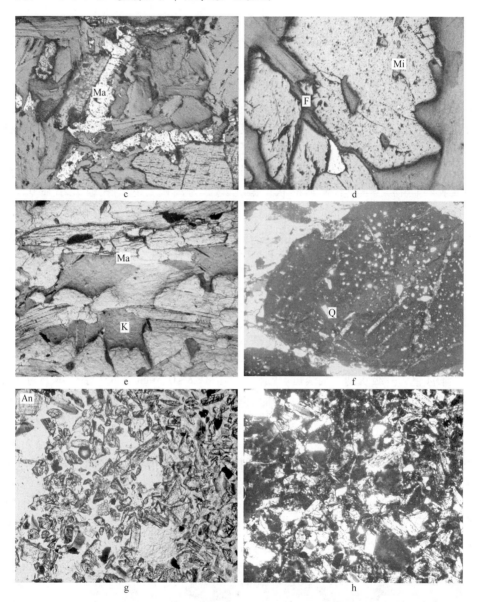

图 8-1 蓝晶石工业试验原矿试样工艺矿物学分析

a—粒状结构透光(+)×63；b—块状构造透光(+)×63；c—磁铁矿反光(-)×200；
d—长石反光(-)×200；e—蓝晶石与磁铁矿共生透光(-)×63；f—石榴石中包裹
石英等矿透光(+)×63；g—红柱石透光(-)×63；h—红柱石透光(+)×63

8.1.4 矿石可磨度分析

以唐钢棒磨山铁矿选矿厂第二系列第一段磨矿的给矿为标准矿石（注：现

场球磨机为 MQG2700×3600 格子型，给矿最大粒度为 20mm，分级溢流细度为 -0.074mm 粒级含量为 31.13%，磨机原矿处理能力为 62.5t/(台·h)，按新生成计算级别的单位容积生产率为 $q_0 = 0.89t/(m^3 \cdot h)$；第二段磨矿机 MQY2700×3600 溢流型，$q_0 = 0.4t/(m^3 \cdot h)$，给矿 -0.074mm 35%，筛下 -0.074mm 60%）与试验矿石进行磨矿对比试验，将两种矿石用同样的工艺和设备处理，即均碎至 -2mm，用 100 目（0.147mm）标准筛筛除 -0.15mm 粒级，各自混匀缩分出待磨矿样，每份 0.8kg，用同一球磨机（锥形 250×90）进行不同时间的系列磨矿，将每一磨矿产品用 200 目（0.074mm）标准筛检查细度，结果见表 8-4，据此表数据绘制曲线如图 8-2 所示。

表 8-4　可磨度对比试验结果

磨矿时间/min	3	6	9	12	15	18
标准矿石(-0.074mm)/%	14.92	29.56	40.16	51.38	60.24	74.64
试验矿石(-0.074mm)/%	23.26	55.64	70.44	82.16	88.82	89.51

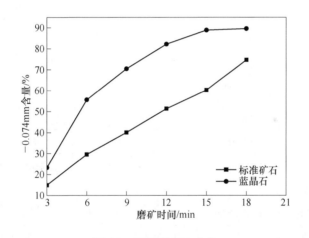

图 8-2　可磨度对比曲线

由图 8-2 可知，当磨矿细度为 -0.074mm 占 60% 时，试验矿石相对于棒磨山矿石的可磨度系数为

$$K = T_0/T = 6.7/15 = 0.45$$

由矿石可磨度系数可知，该蓝晶石矿属于易磨矿石。

8.2　工艺流程及配置

华北理工大学于 2014 年完成了该矿选矿试验研究，根据其矿石性质，确定了采用反浮选工艺回收蓝晶石矿物的选矿方案。

试验确定的选矿工艺路线为一次粗选、四次扫选的反浮选开路工艺流程。

河北邢台某蓝晶石选矿厂原矿设计处理能力为 500t/d。设计工艺流程为：破碎流程为二段一闭路；磨矿流程为一段闭路，磨矿细度为 $-0.074mm$ 占 60.00%；浮选流程为一次粗选、四次扫选的反浮选开路流程。

8.3 工艺流程及主要设备

在工业试验中，蓝晶石矿分选的工业流程如图 8-3 所示，主要设备型号及规格见表 8-5。

表 8-5 工业试验主要设备明细

序号	设备名称	规格型号	台数	电动机容量/kW	制 造 单 位
1	颚式破碎机	PE400×600	1	30	沈阳重型机械公司
2	皮带运输机	$B=750$ $L=45m$	1		
3	振动筛	YA-1530	1	11	鹤壁市通用机械公司
4	皮带运输机	$B=650$ $L=41m$	1		
5	圆锥破碎机	PYZ ϕ1200	1	110	沈阳重型机械公司
6	皮带运输机	$B=650$ $L=15m$	1		
7	皮带运输机	$B=650$ $L=27m$	1		
8	球磨机	MQG-1564	1	400	广西南宁重型机械厂
9	高频细筛	MVS1020	4	30	唐山陆凯科技有限公司
10	矿浆泵		2		
11	搅拌桶	BCF ϕ2000	4	15	江苏溧阳保龙机电公司
12	浮选机	KYF-2	16	11	遵化市矿山机械厂
13	强磁选机	LGS-1750	1	45	抚顺隆基电磁科技股份有限公司
14	摇床	4500×1800	20	1.1	正东矿山机械有限公司
15	脱泥斗	ϕ2000	1		自制
16	砂泵	ZPN	8	5.5	石家庄工业水泵有限公司
17	压滤机	XMG100/1000	4	15	潍坊天成设备有限公司
18	浓密机	NT-24	1	11	
19	鼓风机	HTD35-12	2	15	
20	弱磁选机	CTB-1024	1		

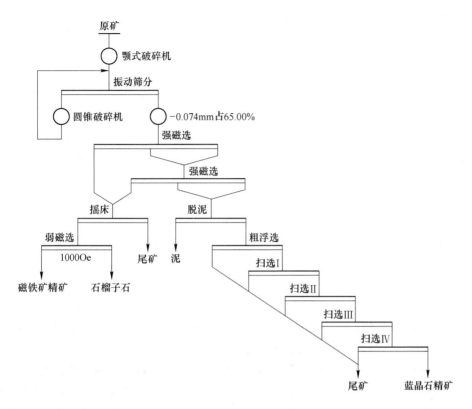

图 8-3 蓝晶石选矿工业试验流程

8.4 工业调试

8.4.1 开车前准备及清水试车

2014 年 10 月 20 日进行开车前的准备工作，对每台设备单机试运转，考察设备设施的联动运转，进行清水试车，提出修改意见，培训生产工人。

10 月 25 日完成清水试运行，打通了清水流程。

8.4.2 浮选药剂

根据蓝晶石矿实验室小试及扩大化试验确定的选矿方案，该蓝晶石矿为中性条件下常温反浮选，工艺流程和药剂制度较为简单。浮选中仅添加了蓝晶石矿物抑制剂和浮选捕收剂，粗选捕收剂为十二胺盐酸盐和柴油复配而成，扫选中捕收剂仅加十二胺盐酸盐，抑制剂采用实验室合成的 AP。

十二胺：工业品，使用浓度为 5%，汇源化工生产。

浓盐酸：工业品，产地为当地。

柴油：工业品，产地为当地。

抑制剂 AP：实验室合成药剂，使用浓度为 6%。

8.4.3 带料运转调试

5 月 15 日开始带矿试运行，主要考查磨矿机的处理能力，确定合理的钢球添加制度；考察各作业，尤其是浮选作业设备运转及流程畅通情况。

在试运转期间，对设备配置、连接及时进行了改造，并确定了合理的磨矿机加球制度和浮选药剂制度，取得了较好的试运转浮选效果。5 月 22 日开始稳运转生产调试流程考查。

8.4.4 设备及流程改造

根据试运转中发现的问题，对设备连接配置进行了合理的改造，更改了部分加药点。

在工业试验中，基本设备都运行正常，只是对弱磁选设备进行了局部改造。该蓝晶石选矿厂使用的 CTB 型永磁筒式磁选机（1000mm × 2400mm），最初采用树脂型材质作为筒体表面处理材料。经过一段生产实践后，该保护层极易磨损并破碎成片脱落，且后期维护修复费时费力，经济成本较高。工业试验中对弱磁选机筒体部分进行了喷涂涂料处理。筒体喷涂涂料技术是目前现场处理最快捷有效的方法。聚脲涂料可现场喷涂而成，具有极强的疏水性和环境温度适应能力，甚至可在非于一般条件的水（或者冰）上喷涂成型，在极端恶劣的环境下可正常施工。经过一段时间后，选别效果良好。喷涂涂料处理作为适应环保需求开发的筒体表面处理技术，为矿山界提供了一种全新的选择。

8.5 选矿工艺流程考查

8.5.1 取样及检测制度

流程打通稳定运转后，进行了工艺流程考查，主要考查项目为：原矿、磨矿机排矿、细筛筛上、细筛筛下、浮选各作业的精矿和尾矿。调试取样流程如图 8-4 所示。流程考查每一小时取样一次，8 次合并为一个班样。稳定运转期间，采取精、尾矿水作水质分析。稳定运转期间，每半小时检测一次浮选加药量。

8.5.2 生产工艺流程及考查结果

通过工艺流程优化等工业调试，确定了合理的选矿工艺流程和浮选药剂制度。稳定运转后，分两个阶段进行了流程考查。第一阶段，主要目的是考查浮选设备的能力和配置，从中发现问题并提出改进方案；第二阶段，考查药剂制度，

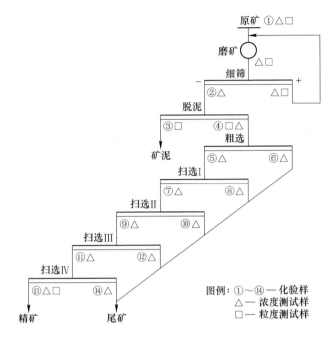

图 8-4 工业调试取样流程

确定浮选工艺改造后的设备配置、生产工艺流程和药剂制度。

流程通畅和稳定后，10 月 22 日至 11 月 11 日，分别进行了不同药剂用量等项试验。最终生产调试及选矿技术指标汇总见表 8-6。

表 8-6 生产调试及选矿技术指标

药剂用量/g·t^{-1}			Al$_2$O$_3$ 品位/%	蓝晶石品位/%	蓝晶石回收率/%
苛性淀粉	十二胺盐酸盐	柴油			
460	40	320	60.01	95.32	69.78
520	50	360	60.09	95.65	68.61
420	45	300	58.47	92.13	72.57
480	40	320	60.06	95.46	68.41
400	40	280	57.59	90.04	73.12
520	40	320	60.23	94.38	63.45
480	50	360	59.41	92.25	68.12

注：表中数据分别是工业试验阶段的平均指标，且选取调试中较好的分选指标。

表 8-6 表明，适当加大苛性淀粉的用量，可提高蓝晶石精矿品位，但是回收率相应降低。综合考虑精矿品位与回收率，选取苛性淀粉的用量为 520g/t，十二胺盐酸盐用量为 50g/t，柴油用量为 360g/t，在此条件下经过一次粗选四次扫选

的工艺可得到 Al_2O_3 品位为 60.09%，蓝晶石品位为 95.65%，回收率为 68.61% 的分选指标。

在上述最佳药剂用量条件下，经过 10 天，共 30 个班的连续运转，处理原矿 5060.75t，原矿 Al_2O_3 品位为 21.08%，蓝晶石含量为 10.09%，生产精矿 370.95t，精矿蓝晶石品位达到 95.14%，Al_2O_3 品位为 60.03%，蓝晶石回收率 为 69.13%，精矿质量达到国家一级品标准。

在国家耐火材料质量监督检验中心对蓝晶石精矿进行了检测，检测指标见表 8-7。由表 8-7 可见，蓝晶石精矿产品 Al_2O_3 品位大于 58.00%，$TiO_2 < 1.50\%$，$Fe_2O_3 < 0.80\%$，$K_2O + Na_2O < 0.30\%$，质量达到国家一级品标准。

表 8-7　蓝晶石精矿检测指标

检验项目	单位	单值	检验依据或说明
耐火度	℃	>1800	GB/T 7322—2007
热膨胀（1450℃）	%	14.7	GB/T 7320—2008
SiO_2	%	36.40	GB/T 21114—2007
Al_2O_3	%	60.03	GB/T 21114—2007
TiO_2	%	0.19	GB/T 21114—2007
CaO	%	1.23	GB/T 21114—2007
MgO	%	0.49	GB/T 21114—2007
K_2O	%	0.052	GB/T 21114—2007
Na_2O	%	0.037	GB/T 21114—2007
Fe_2O_3	%	0.74	SN/T 0481.9—2010

8.6　中性反浮选流程与酸法正浮选流程对比

中性反浮选工业试验结果与酸法正浮选流程考查结果见表 8-8。

表 8-8　中性反浮选工业试验结果与酸法正浮选流程考查结果比较

工艺流程	精矿产率/%	Al_2O_3 品位/%	蓝晶石品位/%	蓝晶石回收率/%
中性工艺	7.33	60.09	95.65	68.61
酸法工艺	6.69	58.12	92.13	60.37
指标差值	+0.64	+1.97	+3.52	+8.24

从表 8-8 可以看出，中性反浮选的精矿产率为 7.33%，酸法工艺为 6.69%，高出 0.64%，同时 Al_2O_3 品位高出 1.97%，蓝晶石品位高出 3.52%，蓝晶石回收率提高了 8.24%。

该蓝晶石选矿厂原浮选工艺采用中化地质矿山总局地质研究院研制的 LJ-2

作为捕收剂浮选蓝晶石，在浮选中必须用硫酸调浆至 pH = 2 ~ 3。从酸性介质对设备腐蚀、环境保护以及安全生产诸方面考虑，酸性浮选流程在我国工业实践还是存在一定困难。根据表8-8 的工业试验结果，可以得出在中性介质中浮选蓝晶石矿，无论从回收率还是精矿品位，都可以达到或超过预期的目标，遵从经济效益与环境效益、社会效益相统一的原则，采用中性介质工艺不仅可以为蓝晶石企业带来经济效益，同时可减少对设备的腐蚀，这将对蓝晶石企业可持续发展具有较强的实践意义。

8.7 本章小结

（1）从原矿性质分析可知，岩石中的矿物组成主要是蓝晶石、石英、黑云母、石榴石、长石，及少量红柱石。金属矿物主要为磁铁矿，极少量黄铁矿。

（2）在实验室小试、扩大化试验的基础上，进行了工业化试验。经过 10 天，共 30 个班的连续运转，处理原矿 5060.75t，原矿 Al_2O_3 品位为 21.08%，生产精矿 370.95t，精矿蓝晶石品位达到 95.14%，精矿质量达到国家一级品标准。

9 结　语

　　本书以蓝晶石、石英及黑云母矿物为研究对象，在矿物晶体结构与表面性质研究的基础上，在近中性 pH 值条件下，通过矿物可浮性试验，以十二胺作捕收剂，考察了矿物在无调整剂时的可浮性，以及金属阳离子调整剂、无机阴离子调整剂、有机调整剂和捕收剂的添加顺序对其可浮性的影响；通过单矿物分批浮选试验较系统地总结了矿物浮选过程规律，在此基础上建立了三种矿物的浮选动力学模型；通过实验室小型试验、连选试验及工业试验，对实际蓝晶石矿物进行了中性条件下的反浮选研究，考察了不同的条件因素对浮选指标的影响，最终获得了 Al_2O_3 品位超过 60.00% 的超纯蓝晶石精矿产品；通过浮选溶液分析、Zeta 电位测定、红外光谱分析、吸附量测定、玻耳兹曼关于矢量场中的粒子分布理论计算等，对调整剂与蓝晶石矿物的作用机理作了进一步探讨。主要结论如下：

　　（1）蓝晶石、黑云母以及石英表面性质的最大差异在于矿物表面的原子丰度不同，其中表面硅原子和铝原子丰度的差异是导致三种矿物可浮性差异的主要原因所在。Zeta 电位测试结果表明，蓝晶石的等电点为 pH = 6.7，石英为 pH = 2.0，黑云母为 pH = 3.9。

　　（2）十二胺可作为蓝晶石、石英及黑云母矿物分离的选择性捕收剂，调整剂的加入对其可浮性的影响不同。Ca^{2+}、Mg^{2+} 对蓝晶石有显著的活化作用；Pb^{2+}、Cu^{2+} 对三种矿物的作用不明显，Al^{3+} 和 Fe^{3+} 对蓝晶石、石英的可浮性存在很强的抑制作用，六种金属阳离子对蓝晶石的选择性抑制能力依次是：$Al^{3+} > Fe^{3+} > Pb^{2+} > Cu^{2+} > Mg^{2+} > Ca^{2+}$。

　　（3）无机阴离子调整剂中 NaF 对蓝晶石有活化作用；Na_2SiO_3 对蓝晶石起到较强的抑制作用；$(NaPO_3)_6$ 的添加对蓝晶石及石英均起到较强的抑制作用，对黑云母的抑制较弱，且 $(NaPO_3)_6$ 对矿物表面吸附的捕收剂有解吸作用，Na_2S 对蓝晶石起到轻微的活化作用。

　　（4）在十二胺浮选体系中糊精对石英及黑云母两种矿物的浮选回收率基本没有影响，但是对蓝晶石有抑制作用；抑制剂 AP 与十二胺的添加顺序对黑云母的浮选基本没有影响，对蓝晶石在较低浓度就表现出极强的抑制作用，此时石英回收率较高，因此 AP 的加入有可能实现蓝晶石在中性介质中的反浮选分离；柠檬酸对三种矿物的抑制作用大小顺序为石英 > 黑云母 > 蓝晶石。

　　（5）以十二胺为捕收剂，添加适量的苛性淀粉可显著扩大石英、黑云母及蓝晶石矿物浮游速度之间的差异，K 值分布范围明显变窄。采用四种经典的浮选动力学模型对三种矿物的浮选过程进行了拟合，拟合后的石英、黑云母及蓝晶石模型回收率拟合值与试验值相关性 R^2 分别为 0.97、0.98 和 0.96，表明模型拟合精度较高，可模拟矿物的浮选过程。

（6）采用预先脱泥—反浮选的工艺流程对蓝晶石实际矿物进行了选矿工艺流程试验，在矿浆接近中性条件下，以十二胺盐酸盐与柴油为捕收剂，AP 为抑制剂，采用一次粗选、四次扫选的开路反浮选流程，最终可以获得产率为 12.93%，Al_2O_3 品位为 60.31%，蓝晶石品位为 96.16%，蓝晶石回收率为 77.53% 的超纯蓝晶石精矿。在蓝晶石浮选给矿性质基本相同的情况下，扩试浮选试验与工业化试验可获得与小试结果相近的蓝晶石精矿指标。

（7）Fe^{3+}、Al^{3+} 起抑制作用的机理首先是在 pH $=6 \sim 7$ 左右，矿物表面上生成的沉淀是 $Fe(OH)_{3(s)}$ 和 $Al(OH)_{3(s)}$，矿物浮选受到强烈的抑制，同时金属阳离子在矿物表面吸附后提高了矿物表面的电性，使十二胺捕收剂的静电吸附力减弱，使矿物的浮选得到抑制；其次是由于矿物在金属阳离子作用下，矿物界面层内的捕收剂 RNH_3^+ 离子浓度大大降低，从而减弱了十二胺对矿物的捕收作用。

（8）抑制剂 AP 对蓝晶石除了静电作用外，同时能与矿物表面的 Al^{3+} 发生化学键合作用，使 AP 吸附于蓝晶石矿物表面，从而抑制蓝晶石表面亲水性。通过吸附量试验证实了 AP 更容易在蓝晶石表面发生吸附，且在整个试验范围内吸附量未达到饱和。同时抑制剂 AP 与十二胺可以在蓝晶石矿物表面发生竞争吸附，从而减少捕收剂在矿物表面的吸附量。

参 考 文 献

［1］ LIU X，HE Q，WANG H J，et al. Thermal expansion of kyanite at ambient pressure：An X-ray powder diffraction study up to 1000℃［J］. Geoscience Frontiers，2010，1：91～97.

［2］ Sukhorukov. Composition and conditions of formation of andalusite-kyanite-sillimanite pegmatoid segregations in metamorphic rocks of the Tsel block［J］. Russian Geology and Geophysics，2007，48：478～482.

［3］ 周乐光. 矿石学基础［M］. 第2版. 北京：冶金工业出版社，2005.

［4］ 南京大学地质学系岩矿教研室. 结晶学与矿物学［M］. 北京：地质出版社，1978.

［5］ 王洪，潘兆槽，翁玲宝，等. 系统矿物学（上册）［M］. 北京：地质出版社，1986.

［6］ 王洪，潘兆槽，翁玲宝，等. 系统矿物学（中册）［M］. 北京：地质出版社，1986.

［7］ 王锡林，王苏新. 蓝晶石特性的探讨［J］. 佛山陶瓷，2007(5)：31～33.

［8］ 林彬荫. 蓝晶石红柱石硅线石［M］. 北京：冶金工业出版社，2003.

［9］ 黄文竞. 我国蓝晶石类矿产的应用与发展［J］. 非金属矿，2000(9)：10～11，15.

［10］ 张维庆，Kum Francis. 世界蓝晶石矿物资源及其选矿［J］. 中国非金属矿工业导刊，2000(4)：14～16.

［11］ 夏绍柱，冯起贵，侯若洲，等. 红柱石、硅线石、蓝晶石矿物资源及其选矿［J］. 金属矿山，1994(2)：37～44.

［12］ 夏绍柱，冯起贵，侯若洲，等. 红柱石、硅线石、蓝晶石矿物资源及其选矿（续前）［J］. 金属矿山，1994(3)：36～42.

［13］ 李博文. 蓝晶石族矿物的应用研究现状和趋势［J］. 地质科技情报，1997，16(1)：59～63.

［14］ 刘鸿权. 中国蓝晶石类矿物发展及市场机遇［J］. 中国非金属矿工业导刊，2002(6)：8～10，19.

［15］ 王芳. 江苏低品位难选蓝晶石矿选矿试验研究［D］. 武汉：武汉理工大学，2010.

［16］ 石成利. 蓝晶石的特性及其应用［J］. 陶瓷，2007(4)：39～41.

［17］ 中华人民共和国冶金工业部. YB4032—91. 蓝晶石硅线石红柱石［S］. 1992.

［18］ 李湘洲. 蓝晶石及其选矿现状［J］. 化工矿山技术，1995(4)：57～60.

［19］ 富田坚二(日)，王少儒. 非金属矿选矿法［M］. 北京：中国建筑工业出版社，1982.

［20］ 刘国举. 南阳某低品位蓝晶石选矿工艺研究［D］. 武汉：武汉理工大学，2010.

［21］ 李志章. 蓝晶石类矿物选矿工艺和生产实践［J］. 昆明冶金高等专科学校学报，2000(1)：44～49.

［22］ 赵成明. 蓝晶石与石英浮选行为研究［D］. 武汉：武汉理工大学，2010.

［23］ 孙传尧，印万忠. 硅酸盐矿物浮选原理［M］. 北京：科学出版社，2001.

［24］ 周灵初. 红柱石的浮选分离技术及机理研究［D］. 武汉：武汉科技大学，2010.

［25］ ZHOU L C，ZHANG Y M. Flotation separation of Xixia andalusite ore［J］. Transactions of Nonferrous Metals Society of China，2011，21：1388～1392.

［26］ BULUT G，YURTSEVER C. Flotation behaviour of Bitlis kyanite ore［J］. International Journal of Mineral Processing，2004(73)：29～36.

[27] 布鲁特 G. 比特利斯蓝晶石矿石的浮选行为[J]. 国外金属矿选矿, 2004(8): 28~32.

[28] 苏永江, 余郑生, 赵东力, 等. 含铁质蓝晶石选矿工艺研究[J]. 非金属矿, 2003(11): 35~37.

[29] 宋翔宇. 河南省西峡红柱石矿选矿工艺研究[D]. 北京: 中国地质大学, 2007.

[30] 郭珍旭, 吕良, 岳铁兵, 等. 蓝晶石提纯工艺技术研究[J]. 矿产保护与利用, 2008 (6): 34~36.

[31] 王林祥. 内蒙古某红柱石选矿工艺试验研究[J]. 矿产保护与利用, 2007(3): 25~27.

[32] 吴艳妮, 丁晓姜, 杨丽珍. 内蒙××蓝晶石矿可选性试验研究[J]. 化工矿产地质, 2008, 6(11): 103~107, 112.

[33] RODRIGUES A J. The influence of crystal chemistry properties on the floatability of apatites with sodium oleate[J]. Minerals Engineering, 1993, 6(6): 643~653.

[34] 董宏军, 陈荩, 毛钜凡. 蓝晶石类矿物的选矿工艺与理论述评[J]. 国外金属矿选矿, 1993(12): 7~11.

[35] 岳铁兵, 曹进成, 牛兰良, 等. 蓝晶石英岩型矿石选矿提纯工艺探索[J]. 金属矿山, 2003(4): 61~62.

[36] 我国"三石"矿的开发和选矿[J]. 国外金属矿选矿, 1996(4): 39~41.

[37] 阿伊汉, 杨歧云, 林森. 用于陶瓷工业中的 Bitlis Massif 蓝晶石矿石的选矿[J]. 国外金属矿选矿, 2005(3): 34~38.

[38] 赖群生, 秦雷, 刘明志. 隐山蓝晶石选矿新工艺[J]. 非金属矿, 2002, 11(6): 35~36.

[39] 张晋霞, 牛福生, 张大勇, 等. 低贫复杂难选蓝晶石矿的超纯化制备工艺研究[J]. 非金属矿, 2012, 35(5): 34~36.

[40] 张大勇, 牛福生. 立式感应湿式强磁选机在蓝晶石选矿中的应用研究[J]. 中国矿业, 2012(7): 80~83, 86.

[41] 路洋, 高惠民, 王芳, 等. 沭阳低品位蓝晶石矿石选矿试验[J]. 金属矿山, 2012(4): 86~90.

[42] 杨大兵, 张一敏, 赵自光. 隐山蓝晶石矿选矿工艺流程及综合利用研究[J]. 矿产保护与利用, 2003(6): 17~19.

[43] 张一敏. 蓝晶石分选提纯研究[J]. 矿产综合利用, 1999(5): 9~10.

[44] 任子杰, 高惠民, 王芳, 等. 江苏某低品位蓝晶石矿分选试验[J]. 金属矿山, 2011 (7): 93~96.

[45] 金俊勋, 高惠民, 王树春, 等. 南阳某低品位蓝晶石矿选矿试验研究[J]. 非金属矿, 2011, 34(6): 34~36.

[46] 张维庆, 韦书立, 弗朗西斯. 蓝晶石和石英浮选行为的研究[J]. 金属矿山, 1996(2): 20~23.

[47] MANSER R M. 硅酸盐矿物的浮选[J]. 国外金属矿选矿, 1979(7): 7~23.

[48] 韦书立, 魏克武. 烷基磺酸盐浮选蓝晶石的研究[J]. 矿产综合利用, 1991(1): 49~52.

[49] 牛福生, 张悦, 聂轶苗. 图像处理技术在工艺矿物学研究中的应用[J]. 金属矿山, 2010, (5): 92~95, 103.

[50] 史文涛，高惠民，赵成明，等．蓝晶石与石英浮选分离试验研究[J]．非金属矿，2011，34(6)：26～28.

[51] 董宏军，陈荩，毛钜凡．表面酸处理对蓝晶石可浮性的影响及机理研究[J]．金属矿山，1994，46(4)：37～41.

[52] 李晔，雷东升，许时．矿浆中金属离子对硅线石与石英浮选分离的影响[J]．硅酸盐学报，2002，30(3)：362～365.

[53] 周瑜林，王毓华，胡岳华，等．金属离子对一水硬铝石和高岭石浮选行为的影响[J]．中南大学学报(自然科学版)，2009，40(2)：268～274.

[54] 何小民，邓海波，朱海玲，等．金属离子对红柱石与绢云母可浮性的影响[J]．矿冶工程，2012，32(2)：55～57，61.

[55] 邓海波，何小民，朱海玲，等．红柱石与绢云母、高岭石反浮选分离的研究[J]．化工矿物与加工，2011(2)：15～18.

[56] 张琪，方和平．Fe^{3+} 对 Al^{3+} 活化微斜长石产生屏蔽的机理[J]．中国有色金属学报，1999，9(3)：606～609.

[57] WANG Y H, YU F S. Effects of metallic ions on the flotation of spodumene and beryl[J]. Journal of China University of Mining and Technology, 2007, 36(1)：35～39.

[58] 胡岳华，蒋昊，邱冠周，等．一水硬铝石型铝土矿铝硅浮选分离的溶液化学[J]．中国有色金属学报，2001，11(1)：128～129.

[59] JIANG H, HU Y H, QIN W Q, et al. Mechanism of flotation for diaspore and aluminium-silicate minerals with alkyl-amine collectors[J]. The Chinese Journal of Nonferrous Metals, 2001, 11(4)：688～692.

[60] 冯其明，刘谷山，喻正军，等．铁离子和亚铁离子对滑石浮选的影响及作用机理[J]．中南大学学报(自然科学版)，2006，37(3)：476～480.

[61] 冯其明，刘谷山，喻正军，等．铜离子和镍离子对滑石浮选的影响及作用机理[J]．硅酸盐学报，2005，33(8)：1018～1022.

[62] 郭德，张秀梅，吴大为．对 Ca^{2+} 影响煤泥浮选和凝聚作用机理的认识[J]．煤炭学报，2003，28(4)：433～436.

[63] FORASIERO D, RALSTON J. Cu(Ⅱ) and Ni(Ⅱ) activation in the flotation of quartz, lizardite and chlorte[J]. International Journal of Mineral Processing, 2005, 76：75～81.

[64] XIA M. Role of hydrolyzable metal cations in starch kaolinite interactions[J]. International Journal of Mineral Processing, 2010, 97：100～103.

[65] ANA M V , Antonio E C. The effect of amine type, pH, and size range in the flotation of quartz[J]. Minerals Engineering, 2007, 20：1008～1013.

[66] ZHOU Y L, HU Y H, WANG Y H. Effect of metallic ions on dispersibility of fine diaspore[J]. Transactions of Nonferrous Metals Society of China, 2011, 21：1166～1171.

[67] Orhan O, DU H. Understanding the role of ion interactions in soluble salt flotation with alkylammonium and alkylsulfate collectors[J]. Advances in Colloid and Interface Science, 2011, 163：1～22.

[68] 董宏军，陈荩，毛钜凡．金属离子对蓝晶石可浮性的影响及机理研究[J]．非金属矿，

1996(1)：27～29，40.

[69] 王淀佐，胡岳华. 浮选溶液化学[M]. 长沙：湖南科学技术出版社，1988：132～140.

[70] 孙中溪，Willis F，陈荩. 金属离子在二氧化硅-水界面的络合反应及其对石英活化浮选的影响[J]. 中国有色技术学报，1992，2(2)：15～20.

[71] FUERSTENAU M C. Anionic floatation oxides and silicatesin floatation[M]. A. M. Gandin Memorial volume，1976.

[72] FUERSTENAU M C，MILLER J D. The role of the Hydroc-Bond chain in anion flotation of calcite[J]. Trans AIME，1967，238(2)：153～160.

[73] 李筱晶，袁楚雄. 红柱石浮选特性及捕收剂作用机理研究[J]. 武汉工业大学学报，1993(2)：63～67.

[74] 刘方. 硅酸盐矿物浮选过程中调整剂对捕收剂作用方式的研究［D］. 沈阳：东北大学，2011.

[75] WARREN L J，KITCHNER J A. Trans IMM，1972，81：137～147.

[76] 陈湘清，胡岳华，王毓华. 氟化钠在铝硅酸盐矿物浮选中的作用机理研究[J]. 金属矿山，2004(10)：32～35.

[77] CHEN X Q，HU Y H，WANG Y H，et al. Effects of sodium hexmetaphosphate on flotation separation of diaspore and kaolinite[J]. Journal of Central South University(Science and Technology)，2005(4)：420～425.

[78] 印万忠，孙传尧. 淀粉及其与 Pb^{2+} 对硅酸盐矿物抑制和协同抑制作用的晶体化学分析[J]. 矿冶，1999，8(1)：19～24.

[79] 李海普，胡岳华，蒋玉仁，等. 变性淀粉在铝硅矿物浮选分离中的作用机理[J]. 中国有色金属学报，2001，11(4)：697～701.

[80] TURRER H D G，Peres A E C. Investigation on alternative depressants for iron ore flotation[J]. Minerals Engineering，2010，23：1066～1069.

[81] SUN W，LIU R Q，CAO X F，et al. Flotation separation of marmatite from pyrrhotite using DMPS as depressant[J]. Transactions of Nonferrous Metals Society of China，2006，16：671～675.

[82] LIU Q，DAVID W，PENG Y J. Exploiting the dual functions of polymer depressants in fine particle flotation[J]. International Journal of Mineral Processing，2006，80：244～254.

[83] BRADSHAW D J，OOSTENDORP B，HARRIS P J. Development of methodologies to improve the assessment of reagent behaviour in flotation with particular reference to collectors and depressants[J]. Minerals Engineering，2005，18：239～246.

[84] MANSER R M. Handbook of silicate flotation[M]. DOB. Services Ltd；England：1975.

[85] 刘若华. 不同淀粉对赤铁矿抑制机理及工艺研究[D]. 长沙：中南大学，2012.

[86] 张兆元. 赤铁矿阴离子反浮选体系药剂作用机理与抑制剂研究[D]. 沈阳：东北大学，2009.

[87] 于洋. 白钨矿、黑钨矿与含钙矿物分流分速异步浮选[D]. 北京：北京科技大学，2012.

[88] 贾木欣. 硅酸盐矿物表面特性的结构分析及对金属离子的吸附特性[D]. 沈阳：东北大学，2001.

[89] 贾木欣, 孙传尧. 几种硅酸盐矿物晶体化学与浮选表面特性研究[J]. 矿产保护与利用, 2001(5): 25~29.

[90] 贾木欣, 孙传尧. 几种硅酸盐矿物对金属离子吸附特性研究[J]. 矿冶, 2001, 10(3): 25~29.

[91] 陈晔, 陈建华, 覃华. 胺类捕收剂对异极矿等4种矿物浮选行为的影响[J]. 矿冶研究与开发, 2008, 28(8): 32~34.

[92] 杜平, 曹学锋, 胡岳华, 等. 胺类捕收剂的结构域性能研究[J]. 轻金属, 2003(1): 27~31.

[93] 刘亚川, 龚焕高, 张克仁. 油酸钠和十二胺盐酸盐在长石和石英表面的吸附[J]. 东北工学院学报, 1993, 13(2): 27~31.

[94] VALDIVIESO A L, CERVANTES T C, SONG S, et al. Dextrin as a non-toxic depressant for pyrite in flotation with xanthates as collector[J]. Minerals Engineering, 2004, 17: 1001~1006.

[95] LIU R Q, SUN W, HU Y H, et al. Effect of organic depressant lignosulfonate calcium on separation of chalcopyrite from pyrite[J]. Journal of Central South University(Science and Technology), 2009, 16: 753~757.

[96] 顾帼华, 邹毅仁, 胡岳华, 等. 阴离子淀粉对一水硬铝石和伊利石浮选行为的影响[J]. 中国矿业大学学报, 2008(6): 864~867.

[97] XU J, SUN W, ZHANG Q, et al. Research on depression mechanism of pyrite and pyrrhotite by new organic depressant RC[J]. Mining and Metallurgical Engineering, 2003, 23(6): 29~32.

[98] XIA L Y, ZHONG H, LIU G Y, et al. Utilization of soluble starch as a depressant for the reverse flotation of diaspore from kaolinite[J]. Minerals Engineering, 2009, 22: 560~565.

[99] HUANG P, CAO M L, LIU Q. Using chitosan as a selective depressant in the differential flotation of Cu-Pb sulfides[J]. International Journal of Mineral Processing, 2012, 106: 8~15.

[100] JIANG H X, Sathaporn Srichuwong, Mark Campbell. Characterization of maize amylose-extender(ae) mutant starches. Part Ⅲ: Structures and properties of the Naegeli dextrins[J]. 2010, 81(4): 885~891.

[101] 马松勃, 韩跃新, 杨小生, 等. 不同淀粉对赤铁矿抑制效果的研究[J]. 有色矿冶, 2006, 22(5): 23~25.

[102] 张晋霞, 邹玄, 张晓亮, 等. 利用浮选柱从石墨尾矿中回收绢云母试验研究[J]. 非金属矿, 2014, 37(5): 61~63.

[103] 张莎莎. 淀粉及其衍生物对一水硬铝石的抑制作用研究[D]. 长沙: 中南大学, 2011.

[104] 朱玉霜, 朱建光. 浮选药剂的化学原理[M]. 长沙: 中南工业大学出版社, 1996.

[105] 张晋霞, 牛福生, 徐之帅. 钢铁工业冶金含铁尘泥铁、碳、锌分选技术研究[J]. 矿山机械, 2014, 42(6): 97~102.

[106] 帕夫洛维奇 S. 淀粉、直链淀粉、支链淀粉和葡萄糖单体的吸附作用及其对赤铁矿和石英浮选的影响[J]. 国外金属矿选矿, 2004(6): 27~30.

[107] LIU Y, LIU Q. Flotation separation of carbonate from sulfide minerals, Ⅰ: Flotation of single

minerals and mineral mixtures[J]. Minerals Engineering, 2004, 17(8): 855~863.

[108] LIU Y, LIU Q. Flotation separation of carbonate from sulfide minerals, Ⅱ: mechanisms of flotation depression of sulfide minerals by thioglycollic acid and citric acid[J]. Minerals Engineering, 2004, 17(8): 865~878.

[109] LIU Q, ZHANG Y H. Effect of calcium ions and citric acid on the flotation separation of chalcopyrite from galena using dextrin[J]. Minerals Engineering, 2004, 13(13): 1405~1416.

[110] 牛福生, 张晋霞, 周闪闪, 等. 从蓝晶石尾矿中制备精制石英砂的选矿研究[J]. 中国矿业, 2011, 20(11): 91~93, 97.

[111] 王淀佐. 矿物浮选和浮选剂理论与实践[M]. 长沙: 中南矿冶学院出版社, 1986.

[112] 胡岳华, 孙伟, 蒋玉仁, 等. 柠檬酸在白钨矿萤石浮选分离中的抑制作用及机理研究[J]. 国外金属矿选矿, 1998(5): 27~29.

[113] 卢寿慈, 梁幼鸣. 浮选过程动力学模型的发展[J]. 国外金属矿选矿, 1983(9): 1~6.

[114] 张晋霞, 牛福生, 冯雅丽. 中性条件下蓝晶石矿物的浮选行为研究[J]. 化工矿物与加工, 2014, 43(4): 12~16.

[115] 张晋霞, 谭晴晴, 张晓亮, 等. 蓝晶石、石英及黑云母的浮选动力学研究[J]. 中国矿业, 2014, 23(11): 115~119.

[116] 罗仙平, 何丽萍, 周晓文, 等. 浮选动力学研究进展[J]. 金属矿山, 2008(4): 71~74.

[117] 陶有俊, 路迈西, 蔡璋, 等. 细粒煤浮选动力学特性研究[J]. 中国矿业大学学报, 2003, 32(6): 694~697, 704.

[118] 沈政昌, 陈东. 充气式浮选机浮选动力学模型研究[J]. 有色金属(选矿部分), 2006(1): 22~25.

[119] YUAN X M, PALSSON B L, FOMSBERG K S E. Statistical interpretation of flotation kinetics for a complex sulphide ore[J]. Minerals Engineering, 1996, 9(4): 429~442.

[120] HEMAINZ F, CALERO M, BLAZQUEZ G. Kinetics consideration in the flotation of phosphate ore[J]. Advanced Powder Technol, 2005, 16(4): 347~361.

[121] CLIEK E C. Estimation of flotation kinetic parameters by considering interactions of the optering variables[J]. Minerals Engineering, 2004, 17(1): 81~85.

[122] FENG D, ALDRICH C. Effect of particle size on flotation performance of complex sulphide ores[J]. Minerals Engineering, 1999, 12(7): 721~731.

[123] 张晋霞, 邹玄, 牛福生, 等. 无机阴离子调整剂对蓝晶石矿物浮选行为及溶液化学研究[J]. 中国矿业, 2015, 24(7): 123~128.

[124] 张晋霞, 冯雅丽, 牛福生. 矿浆中金属离子对蓝晶石矿物浮选行为的影响[J]. 东北大学学报(自然科学版), 2014, 35(12): 1787~1791.

[125] 张晋霞, 邹玄, 牛福生, 等. 有机调整剂对蓝晶石矿物浮选行为研究[J]. 化工矿物与加工, 2015, 44(8): 8~11.

[126] 刘文礼. 煤泥浮选数学模型及其仿真器的研究[D]. 北京: 中国矿业大学, 1998.

[127] 张晋霞, 邹玄, 李卓林, 等. 悬振锥面选矿机分选冶金尘泥试验[J]. 金属矿山, 2015(9): 139~142.

[128] 牛福生，李卓林，张晋霞. 悬振锥面选矿机在鲕状赤铁矿分选中的应用[J]. 矿山机械，2015，43(6)：103~107.

[129] RAHIMI M，ASLANI M R，REZAI B. Influence of surface roughness on flotation kinetics of quartz[J]. Journal of Central South University of Technology，2012，19(5)：1206~1211.

[130] Mehdi Rahimi，Fahimeh Dehghani，Bahram Rezai. Influence of the roughness and shape of quartz particles on their flotation kinetics[J]. International Journal of Minerals Metallurgy and Materials，2012，19(4)：284~289.

[131] 陈子鸣，吴多才. 浮选动力学研究之二：浮选速度常数分布密度函数的复原[J]. 有色金属(选冶部分)，1978(11)：27~33.

[132] 王淀佐，卢寿慈，陈清如，等. 矿物加工学[M]. 徐州：中国矿业大学出版社，2003.

[133] 徐瑞，黄兆东，阎凤玉. MATLAB 2007 科学计算与工程分析[M]. 北京：科学出版社，2008.

[134] 李俊旺，孙传尧. 基于 EXCEL 和 MATLAB 求解浮选动力学模型的研究[J]. 矿冶，2011，20(4)：1~4.

[135] 张晋霞，牛福生，陈淼. 微细粒鲕状赤铁矿、石英的分散行为与机理研究[J]. 中国矿业，2014，23(5)：120~125.

[136] 刘建远. 国外几个矿物加工流程模拟软件评述[J]. 国外金属矿选矿，2008(1)：4~12.

[137] 刘淑贤，魏少波，张晋霞，等. 从蓝晶石尾矿中精选长石的试验研究[J]. 非金属矿，2010，36(1)：36~37.

[138] 牛福生，田力男，郭爱红，等. 粒度对蓝晶石制备莫来石晶体的影响研究[J]. 硅酸盐通报，2013，32(4)：630~634，639.

[139] 牛福生，王学涛，白丽梅. 磁选机滚筒表面处理技术探讨[J]. 矿山机械，2015，43(7)：9~12，13.

[140] 董振海. 精通 MATLAB7 编程与数据库应用[M]. 北京：电子工业出版社，2007.

[141] 闻新，周露，李东江. MATLAB 模糊逻辑工具箱的分析与应用[M]. 北京：科学出版社，2001.

[142] 李俊旺，孙传尧. 基于 MATLAB/GUI 的矿物浮选动力学研究平台设计[J]. 化工矿物与加工，2012(2)：4~8.

[143] 陈淼，牛福生，白丽梅. 三种分散剂对微细粒赤铁矿、石英分散行为的影响[J]. 中国矿业，2014，23(2)：116~118，129.

[144] 张智星. MATLAB 程序设计与应用[M]. 北京：清华大学出版社，2002.

[145] 王宗明，何欣翔，孙殿卿. 实用红外光谱学[M]. 北京：石油工业出版社，1990.

[146] 法默 V C. 矿物的红外光谱[M]. 北京：科学出版社，1982.

[147] 蒋先明，何伟平. 简明红外光谱识谱法[M]. 南宁：广西师范大学出版社，1992.

[148] 聂轶苗，戴奇卉，牛福生，等. 河北某地石榴石蓝晶石片(麻)岩的选矿试验研究[J]. 化工矿物与加工，2012，41(12)：17~19.

[149] 张晋霞，邹玄，牛福生，等. 淀粉对蓝晶石矿物浮选行为影响及机理研究[J]. 中国矿业，2015，24(11)：142~146.